FORSCHUNGSBERICHTE DES LANDES NORDRHEIN-WESTFALEN

Nr. 1745

Herausgegeben
im Auftrage des Ministerpräsidenten Dr. Franz Meyers
vom Landesamt für Forschung, Düsseldorf

DK 669.15'3'24.018.9:621.762

Dr. phil. nat. Gerhard Zapf
Dipl.-Ing. Jörg Niessen
Ing. Rudolf Reinstadtler

Forschungsgemeinschaft Pulvermetallurgie e.V., Schwelm

Untersuchung über die Wärmebehandlung
legierter Sinterstähle mit Kupfer und Nickel
als Legierungselemente

WESTDEUTSCHER VERLAG · KÖLN UND OPLADEN 1966

ISBN 978-3-322-98368-8   ISBN 978-3-322-99109-6 (eBook)
DOI 10.1007/978-3-322-99109-6

Verlags-Nr. 011745

© 1966 by Westdeutscher Verlag, Köln und Opladen

Gesamtherstellung: Westdeutscher Verlag ·

Inhalt

1. Einleitung 7

2. Grundlagen 10

3. Versuchsdurchführung 12
   3.1 Aufgabenstellung 12
   3.2 Prüfverfahren 12
   3.3 Rohstoffe und Probenherstellung............................ 12

4. Versuchsergebnisse 16
   4.1.1 Einfluß der Sinterbedingungen auf die Legierungsbildung im System Fe—Cu 16
   4.1.2 Einfluß der Abkühlungsbedingungen nach dem Sintern auf die Ausscheidungsvorgänge 16
   4.2 Einfluß der Lösungstemperatur auf die Eigenschaften ausscheidungsgehärteter Proben 19
   4.2.1 Zugfestigkeit 19
   4.2.2 Härte 22
   4.2.3 Leitfähigkeit 26
   4.2.3.1 Eisen/Kupfer-Legierungen mit einem Kupfergehalt von 1,5%, 3% oder 4,5% 26
   4.2.3.2 Eisen/Kupfer/Nickel-Legierungen 26
   4.3 Einfluß der Auslagerungstemperatur auf die Ausscheidungsvorgänge 29
   4.3.1 Eisen/Kupfer-Legierungen 30
   4.3.2 Eisen/Kupfer/Nickel-Legierungen 31
   4.4 Einfluß der Auslagerungszeit auf die Ausscheidungsvorgänge .. 33
   4.4.1 Eisen/Kupfer-Legierungen 33
   4.4.2 Eisen/Kupfer/Nickel-Legierungen 36

5. Zusammenfassung 39

Literaturverzeichnis 41

1. Einleitung

Unter den modernen Herstellverfahren für Genauteile aus Eisen- und Nichteisenmetallen nimmt das pulvermetallurgische Formgebungsverfahren eine wichtige Stellung ein. Ermöglicht es doch die Fertigung von kleineren Werkstücken aus diesen Werkstoffen mit hoher Maßgenauigkeit und Oberflächengüte bei besonders niedrigem Aufwand an Kapitalgütern und Rohstoffen zu einem günstigen Preis. Bei dem fühlbaren Kapitalmangel unserer Wirtschaft kommt daher der steigenden Anwendung dieses Fertigungsverfahrens in der verarbeitenden Industrie eine große, allgemein wirtschaftliche Bedeutung zu. Eine weitere Ausdehnung der pulvermetallurgischen Fertigungstechnik setzt eine intensive Erforschung ihrer wissenschaftlichen und technischen Grundlagen voraus.

Die Forschungsgemeinschaft Pulvermetallurgie hat sich dieser Aufgabe seit einem Jahrzehnt angenommen und legt mit diesem Bericht einen weiteren Beitrag zu diesem Thema vor. Die hier veröffentlichten Arbeiten wurden mit wesentlicher finanzieller Unterstützung des Landes Nordrhein-Westfalen und der Firma Sintermetallwerk Krebsöge GmbH im pulvermetallurgischen Entwicklungslaboratorium der Firma Sintermetallwerk Krebsöge durchgeführt. Die Verfasser danken beiden Stellen für die großzügige Förderung des Vorhabens. Sie danken aber auch ihren Mitarbeitern im Entwicklungslaboratorium der Firma Sintermetallwerk Krebsöge für die Ausführung von etwa 8750 Einzeluntersuchungen, die im Zusammenhang mit der Bearbeitung der gestellten Aufgaben notwendig waren.

Der Planung und Ausführung lag die Überlegung zugrunde, daß das Einsatzgebiet des gesinterten Formteiles um so größer sein wird, je höhere statische und dynamische Belastungen ihm der Konstrukteur zumuten kann. Dieser Leitgedanke hat die pulvermetallurgische Industrie in den letzten 30 Jahren immer wieder dazu veranlaßt, nach Mitteln und Wegen zu suchen, um die mechanischen Eigenschaften ihrer Erzeugnisse zu verbessern, insbesondere Zugfestigkeit und Härte.

Noch vor 20 Jahren lag die Zugfestigkeit der industriell erzeugten Teile aus Sintereisen-Werkstoffen bei etwa 15–20 kp/mm² und die Bruchdehnung war niedrig. Heute gehören Sinterstähle mit einer Zugfestigkeit von über 50 kp/mm² und beachtlicher Dehnung zum Erzeugungsprogramm aller Sintermetallwerke. Werkstoffe dieser Art sind in die Werkstoffleistungsblätter des Fachverbandes Pulvermetallurgie aufgenommen und finden eine vielfache Anwendung in den Konstruktionen der verarbeitenden Industrie.

Dieser eindrucksvolle Fortschritt ist einer intensiven Erforschung der Beziehungen zwischen Herstellbedingungen und Festigkeitseigenschaften von Sintereisen und Sinterstahl zu danken. Eine besondere Bedeutung hat dabei die Untersuchung der verschiedenen Legierungssysteme des Eisens gehabt, die sich für die Verwendung bei der Herstellung von Sinterstählen eignen.

Besonders günstige Eigenschaften zeigen die einphasigen Legierungen des binären Systems Eisen–Kupfer und des ternären Systems Eisen–Kupfer–Nickel, die von G. Zapf in die Pulvermetallurgie eingeführt worden sind [1]. Sie ergeben Sinterwerkstoffe mit besonders günstigen Kombinationen von Zugfestigkeit und Bruchdehnung. Mit diesen Legierungen können je nach der Dichte und dem Legierungsgehalt Zugfestigkeiten von 35 bis 60 kp/mm² bei guter Bruchdehnung erreicht werden.

Der Forschungsbericht 1403 des Landes Nordrhein-Westfalen von G. Zapf, U. Völker und R. Reinstadler »Entwicklung von Fertigungsmethoden zur

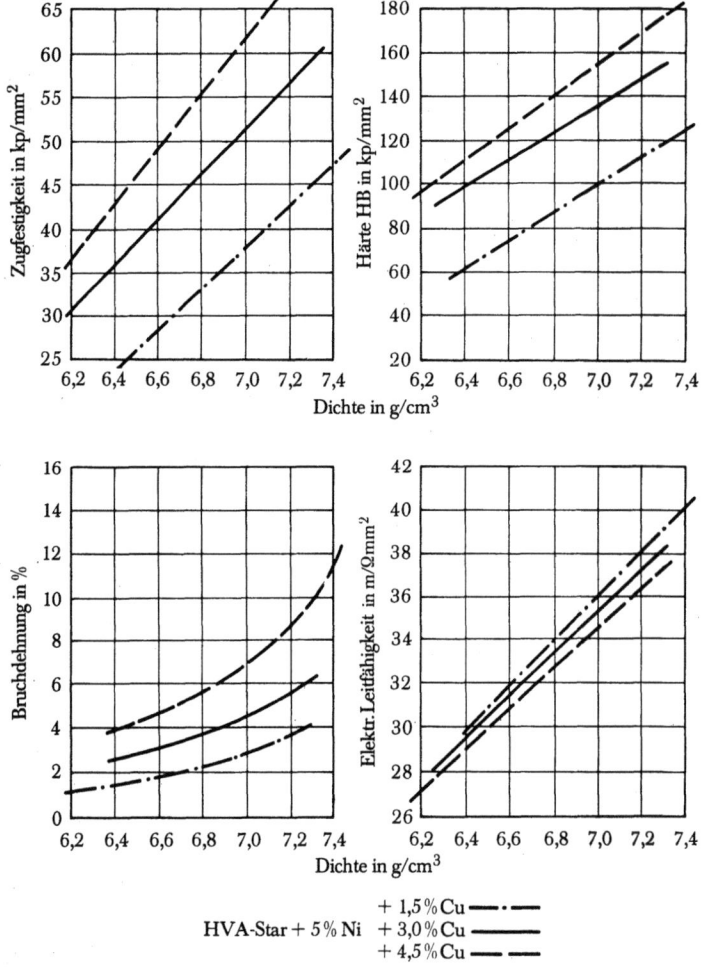

Abb. 1 Physikalisch-mechanische Eigenschaften von Sintereisen, hergestellt aus Eisenpulver HVA-Star mit Zusatz von 5% Ni und 1,5–4,5% Cu

Erzeugung hochfester Sinterteile« hat sich eingehend mit Werkstoffen dieser Art befaßt [2].

Abb. 1 gibt eine Übersicht über die erreichbaren Werte dieser Legierungen. Es sind dort eine Reihe wichtiger Kennwerte über die Sinterdichte aufgetragen.

Es ist seit langem bekannt, daß die einphasigen binären und ternären Legierungen aus dem System Eisen–Kupfer und Eisen–Kupfer–Nickel durch Ausscheidungshärtung wärmebehandelt werden können und daß durch diese Wärmebehandlung die Zugfestigkeit nicht unerheblich erhöht werden kann. Schon die Abkühlung im Sinterofen an sich stellt eine gewisse Wärmebehandlung dieser Art dar.

Die optimalen Bedingungen für die Ausführung der Wärmebehandlung, der völligen Auflösung des Kupfers im γ-Eisen mit oder ohne Anwesenheit anderer Legierungskomponenten, der Abschreckung und der Auslagerung waren jedoch bisher noch nicht systematisch untersucht. In der vorliegenden Arbeit ist diese Lücke geschlossen worden.

2. Grundlagen

Kupfer hat in der Schmelzmetallurgie wegen der Gefahr der Lotbrüchigkeit bei der Warmformgebung der Stähle nur geringe Verwendung gefunden. In der Sintermetallurgie ist es jedoch zu einem wertvollen Element geworden, das gleichzeitig als Schwundausgleich und zur Festigkeitssteigerung dient. Die geringe Oxydationsneigung des Kupfers, die sich auch durch seine Stellung in der Spannungsreihe der Elemente ausdrückt, erfordert keine besonderen Maßnahmen hinsichtlich der Sinteratmosphäre. Diese Eigenschaft teilt das Kupfer mit dem Legierungselement Nickel. Allerdings bedingt ein Nickelzusatz zum Sintereisen bei einer maßgenauen Fertigung wegen seiner Schwundneigung einen entsprechenden Kupferzusatz als Schwundkompensation. Aus diesem Grunde haben sich in der Sintermetallurgie der Formteile hauptsächlich Eisen/Kupfer- und Eisen/Kupfer/Nickel-Legierungen für höher beanspruchte Formteile durchgesetzt. Die

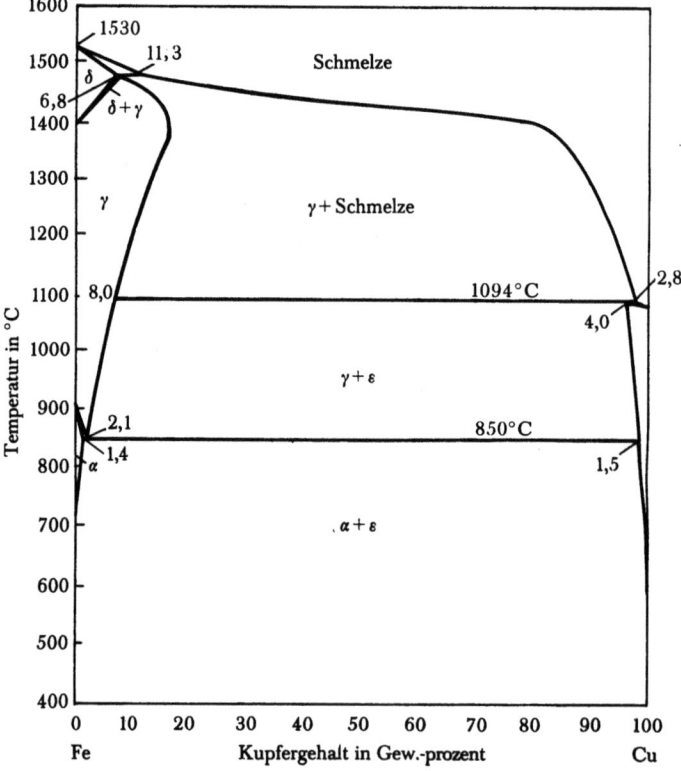

Abb. 2 Das Zustandsschaubild Eisen–Kupfer

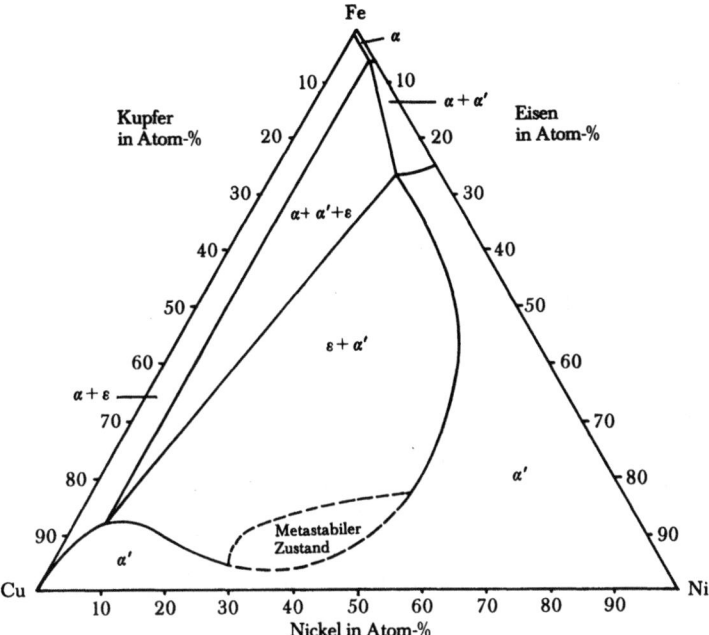

Abb. 3   Ternäres Zustandsdiagramm Fe—Ni—Cu

mit sinkender Temperatur abnehmende Löslichkeit des Kupfers im γ- und α-Eisen läßt neben der Festigkeitssteigerung durch Mischkristallbildung eine weitere durch Ausscheidungshärtung zu (Abb. 2 [3]). Auf diese Erscheinung haben bereits P. Melchior [4], H. B. Kinnear [5], F. Nehl [6], H. Buchholz und W. Köster [7], C. G. Goetzel [8], F. C. Kelley [9] sowie G. Zapf [10] hingewiesen.

Über die Veränderungen der Löslichkeitsverhältnisse durch Zusatz von Nickel sind für den mittleren Legierungsbereich mit 30–60% Eisen – den sogenannten hartmagnetischen Werkstoffen – mehrere Abhandlungen erschienen [11, 12, 13, 14, 15, 16]. Es ist diesen Arbeiten zu entnehmen, daß die Mischungslücke im binären System Eisen/Kupfer sich mit höheren Nickelgehalten schließt. Angaben über die Phasengrenzen der eisenreichen Ecke des ternären Systems sind nach unseren Nachforschungen lediglich von W. Köster und W. Dannöhl [17] sowie von A. J. Bradley, W. F. Cox und H. J. Goldschmidt [18] gemacht worden. Die Untersuchung der letztgenannten Forschergruppe wurde mittels Röntgenbeugungsaufnahmen an Proben durchgeführt, die mit 20°C/h von 950°C abgekühlt wurden. Das erhaltene Zustandsdiagramm (Abb. 3) zeigt keine Änderung der Löslichkeitsverhältnisse durch Zusatz von 0 bis max. 5% Nickel zu Eisen/Kupfer-Legierungen mit max. 5% Kupfer und läßt somit auch für diesen Legierungsraum die gleichen Möglichkeiten einer Ausscheidungshärtung zu, wie sie für das binäre System Eisen/Kupfer bekannt sind. Für gesinterte Legierungen sind bereits aus der Sicht des Pulverherstellers heraus einige Meßergebnisse ausscheidungsgehärteter Kupfer/Nickel-Stähle veröffentlicht [19]; sie erstrecken sich jedoch nur auf ein bestimmtes Eisenpulver und auf eine Herstellungstechnik.

3. Versuchsdurchführung

3.1 Aufgabenstellung

Unsere eigenen Arbeiten, die im vorliegenden Bericht zusammengefaßt sind, erstrecken sich auf die Untersuchung der Einflußgrößen, die bei dem Vorgang der Ausscheidungshärtung wirksam werden und umfassen systematisch den Legierungsraum von 0 bis 4,5% Cu und 0 bis 5% Ni, Rest Elektrolyteisen bzw. Eisenpulver des Roheisen–Zunder-Verfahrens im Dichtebereich von 6,3 bis 7,8 g/cm³. Als Einflußgrößen auf die Ausscheidungsvorgänge der Legierungen wurden untersucht:

1. Sinterbedingungen
2. Lösungstemperatur
3. Auslagerungstemperatur
4. Auslagerungszeit

3.2 Prüfverfahren

Zum Nachweis der Ausscheidungsvorgänge wurden metallografische Verfahren, Zugversuche, Härte- und Leitfähigkeitsmessungen sowie Kerbzähigkeitsprüfungen angewandt. Sämtliche Prüfungen, mit Ausnahme der Kerbschlägzähigkeit, wurden am MPA-Stab vorgenommen. Die Bestimmung der Brinellhärte HB 5/2,5 erfolgte am Diatestor, die der Zugfestigkeit an einer hydraulischen 10-t-Zerreißmaschine. Die Prüfung der Kerbschlagzähigkeit wurde an einer ISO-Probe (55×10×10, Kerbtiefe 5 mm, Radius im Kerbgrund 1 mm) mit einem Pendelschlagwerk von 10 mkp Arbeitsvermögen durchgeführt. Die Probenauflage betrug aus konstruktiven Gründen jedoch 50 mm, statt der vorgeschriebenen 40 mm. Die übermittelten Werte sind unter diesem Vorbehalt zu betrachten. Die elektrische Leitfähigkeit wurde nach dem Spannungsabfallprinzip ermittelt. Für jeden einzelnen Versuchspunkt gelangten je fünf Proben zur Auswertung.

3.3 Rohstoffe und Probenherstellung

Die Kenngrößen der verwandten Pulver sind aus Tab. 1 ersichtlich. Bei dem Nickelpulver handelt es sich um die Nickelcarbonylqualität C der BASF. Die Pulver wurden gemäß den in Tab. 2 enthaltenen Zusammensetzungen gemischt.

Als preßerleichterndes Mittel wurde jeweils 0,5% Zinkstearat zugesetzt. Der weitere Verarbeitungsgang der Pulvermischungen ist der Tab. 3 zu entnehmen. Durch Einfach- und Doppelpreßtechnik ist ein weiter Dichtebereich – von 6,5 bis hinaus zu 7,8 g/cm³ – erfaßt worden. Die Sinterbedingungen wurden nur wenig variiert; es wurden Sintertemperaturen von 1200 und 1280°C sowie Sinterzeiten von 1,2 und 2,5 h Dauer angewandt. Die Sinterungen wurden in einem Labor-Rohrofen unter Spaltgas vorgenommen. Auf eine Erhöhung der Sintertemperatur oder Verlängerung der Sinterzeit wurde verzichtet, um Bedingungen nachzuahmen, wie sie auch in normalen Produktionsöfen in der Praxis durchführbar sind.

Tab. 1 Kenngrößen der verwendeten Metallpulver

	Siebanalyse in %						Füll-dichte	Fließ-vermögen
	+0,2 mm	+0,15 mm	+0,1 mm	+0,075 mm	+0,06 mm	−0,06 mm	g/cm³	sec/50 g
HVA-Star	0,10	0,26	9,78	25,30	12,16	52,12	2,6	35,2
RZ 150	0,04	0,12	20,28	22,04	7,50	49,63	2,47	35,2
Elektrolyt-Cu	–	–	–	–	–	100	2,71	37,5
Ni-Carbonyl	–	–	–	–	–	100	2,2	–

Tab. 2   Zusammensetzungen der untersuchten Legierungen

Kennzeichen	RZ 150	HVA-Star	Elektrolyt-kupfer	Nickel-carbonyl
A 15	98,5		1,5	
30	97		3,0	
45	95,5		4,5	
B 15	96		1,5	2,5
30	94,5		3,0	2,5
45	93		4,5	2,5
C 15	93,5		1,5	5,0
30	92		3,0	5,0
45	90,5		4,5	5,0
D 10		99	1,0	
20		98	2,0	
30		97	3,0	
40		96	4,0	
E 00		99		1,0
10		98	1,0	1,0
20		97	2,0	1,0
30		96	3,0	1,0
40		95	4,0	1,0
F 00		98		2,0
10		97	1,0	2,0
20		96	2,0	2,0
30		95	3,0	2,0
40		94	4,0	2,0
G 00		97		3,0
10		96	1,0	3,0
20		95	2,0	3,0
30		94	3,0	3,0
40		93	4,0	3,0
H 00		96		4,0
10		95	1,0	4,0
20		94	2,0	4,0
30		93	3,0	4,0
40		92	4,0	4,0

Tab. 3 Herstellungsbedingungen der Proben

Kennzeichen	P_1 t/cm²	S_1	P_2 t/cm²	S_2	Dichte	Schutzgas	Gleitmittel
I	2,5	850°C 1 h	2,35	1280°C 1 h	6,5	Spaltgas	0,5% Zn-Stearat
II	2,5	850°C 1 h	4,25	1280°C 1 h	6,9	Spaltgas	0,5% Zn-Stearat
III	2,5	850°C 1 h	7,0	1280°C 1 h	7,2	Spaltgas	0,5% Zn-Stearat
IV	2,5	850°C 1 h	9,0	1280°C 1 h	7,5	Spaltgas	0,5% Zn-Stearat
V	2,5	850°C 1 h	2,35	1280°C 2 h	6,5	Spaltgas	0,5% Zn-Stearat
VI	2,5	850°C 1 h	4,25	1280°C 2 h	6,9	Spaltgas	0,5% Zn-Stearat
VII	2,5	850°C 1 h	7,0	1280°C 2 h	7,2	Spaltgas	0,5% Zn-Stearat
VIII	2,5	850°C 1 h	9,0	1280°C 2 h	7,5	Spaltgas	0,5% Zn-Stearat
IX	6,5	850°C 1 h	10	1280°C 2,5 h	7,6	Spaltgas	0,5% Zn-Stearat
X	6,0	1200°C 2 h			6,5–7,1*	Spaltgas	0,5% Zn-Stearat
XI	6,0	850°C 1 h	9,2	1280°C 2,5 h	7,3–7,6*	Spaltgas	0,5% Zn-Stearat
XII	6,0	850°C 1 h	10	1280°C 2,5 h	7,4–7,8*	Spaltgas	0,5% Zn-Stearat
XIII	4,0	1280°C 1 h			6,35	Spaltgas	0,5% Zn-Stearat
XIV	5,5	1280°C 1 h			6,7	Spaltgas	0,5% Zn-Stearat
XV	6,2	1280°C 1 h			7,1	Spaltgas	0,5% Zn-Stearat
XVI	10	1280°C 1 h			7,2	Spaltgas	0,5% Zn-Stearat
XVII	4,0	1280°C 2 h			6,55	Spaltgas	0,5% Zn-Stearat
XVIII	5,5	1280°C 2 h			6,75	Spaltgas	0,5% Zn-Stearat
XIX	6,2	1280°C 2 h			7,1	Spaltgas	0,5% Zn-Stearat
XX	10	1280°C 2 h			7,25	Spaltgas	0,5% Zn-Stearat

* je nach Legierung

4. Versuchsergebnisse

4.1.1 Einfluß der Sinterbedingungen auf die Legierungsbildung im System Fe—Cu

Die Wahl der Sinterbedingungen (Sintertemperatur und Sinterzeit) ist für das zu behandelnde Problem ohne Bedeutung, wenn eine vollkommene Legierungsbildung während des Sinterns sichergestellt ist. Die hierzu notwendigen Temperaturen sind dem Zustandsdiagramm Abb. 2 zu entnehmen. Für den untersuchten Legierungsbereich bis 4,5% Kupfer sind hiernach Temperaturen oberhalb 950°C ausreichend. Die Praxis zeigt jedoch, daß dieser Gleichgewichtszustand unter 1120°C innerhalb gegenstandsnaher Sinterzeiten nicht erreicht wird.

Wann der Zustand der vollkommenen Lösung eingetreten ist, läßt sich an Hand der mechanischen Eigenschaften nicht nachprüfen, weil bekanntlich eine Erhöhung der Sintertemperatur und der Sinterzeit die mechanischen Eigenschaften auch unlegierter Sintereisenwerkstoffe verbessert. Dadurch werden Effekte, die auf zunehmende Lösung des Kupfers in Eisen zurückzuführen sind, überdeckt. Die Hochtemperaturmikroskopie ist eine geeignete Untersuchungsmethode zur Bestimmung des Löslichkeitsverhaltens [20]; eine apparativ weniger aufwendige Methode ist die metallografische Beurteilung von Proben, die nach dem Sintervorgang in Wasser abgeschreckt werden und somit bei Raumtemperatur die Lösungsverhältnisse der gewählten Sinterbedingungen wiedergeben.

Entsprechende Untersuchungen an den Legierungen A 45 und C 45 haben gezeigt, daß Sinterzeiten von 1 h bei 1200°C Sintertemperatur genügen, um das zugemischte Kupfer (4,5%) vollständig mit dem Eisen zu legieren. Zur Vermeidung örtlicher Kupferkonzentration durch zu große Cu-Pulverkörner wurde unter 0,06 mm abgesiebtes Cu-Pulver verwendet.

4.1.2 Einfluß der Abkühlungsbedingungen nach dem Sintern
auf die Ausscheidungsvorgänge

Es ist bekannt, daß Kupfer und Nickel eine festigkeitssteigernde Wirkung auf den α-Mischkristall ausüben, auch wenn nach dem Sintern keine Wärmebehandlung vorgenommen wird. Abb. 4 verdeutlicht den Festigkeitszuwachs mit steigenden Kupfer- und Nickelgehalten. Obwohl die untersuchten Proben nach dem Sintern keine ausgesprochene Wärmebehandlung erfahren hatten, ist doch einschränkend festzustellen, daß auch eine Abkühlung von Sintertemperatur strenggenommen eine Wärmebehandlung darstellt. Besonders für eine Ausscheidungshärtung sind die Abkühlungsbedingungen eines Sinterofens günstig. Die im

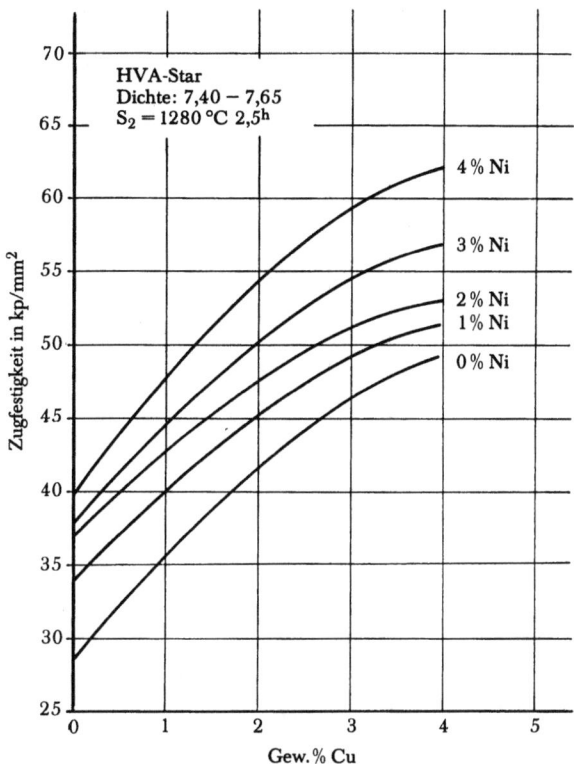

Abb. 4 Abhängigkeit der Zugfestigkeit vom Kupfer- und Nickelgehalt

oberen Temperaturbereich rasche Abkühlung bewirkt, daß die während des Sinterns gelösten Elemente in Lösung bleiben; die im unteren Temperaturbereich geringer werdende Abkühlungsgeschwindigkeit ruft dann bereits die ersten submikroskopischen Ausscheidungen hervor.

Der Temperaturverlauf der Proben auf dem Weg zwischen Sinterkammer, Kühlkammer bis zum Ofenausgang folgt einer e-Funktion, wobei die Abkühlungsgeschwindigkeit von der Kühlleistung des Ofens und von der Masse des Schiffchens einschließlich Proben und Packmaterial (Korund) abhängig ist. Je größer die Abkühlungsgeschwindigkeit, desto größer ist hierbei die Menge der in Lösung bleibenden Elemente. Laboröfen mit intensiver Kühlwirkung in der Kühlzone und kleiner Probenmasse erzielen demzufolge größere Übersättigung des Eisenkristalls als große Industrieöfen. Aber auch bei Laboröfen reicht die Verweilzeit bei Durchschreiten des Temperaturgebietes von 600 bis 400°C aus, um submikroskopische Ausscheidungen zu bewirken.

Einen Eindruck hierüber vermitteln die Abb. 5a und 5b. Es sind hier vergleichsweise die Zugfestigkeiten und Härten von normal gesinterten Proben (Ofenabkühlung) über die Dichte aufgetragen. Gleichzeitig sind in die Diagramme die Werte eingezeichnet, wie sie nach Wasserabschreckung (950°C/Wasser) und nach

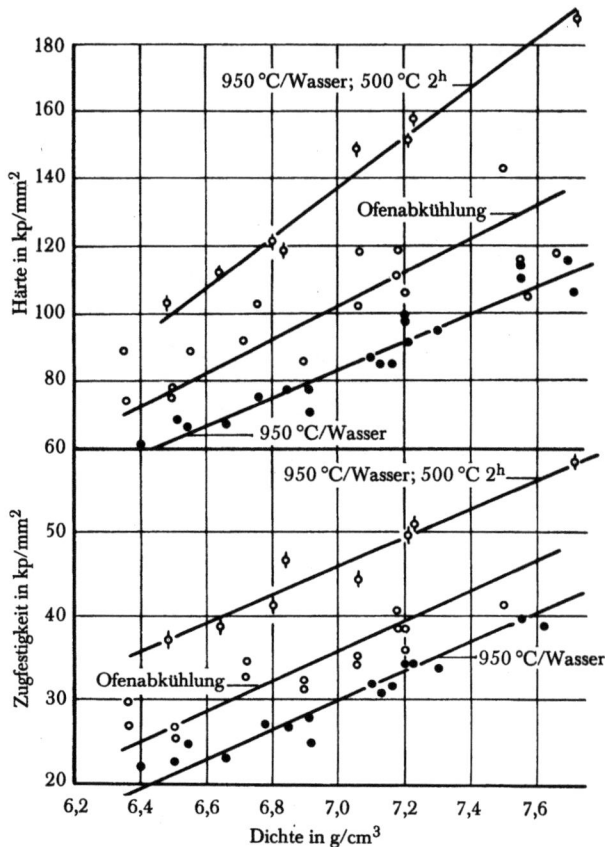

Abb. 5 Einfluß der Abkühlungsgeschwindigkeit auf Härte (a) und Zugfestigkeit (b)

Warmauslagerung (950°C/Wasser, 500°C 2 h/Luft) erhalten werden. Die entsprechenden Kurven sind mit Hilfe der Korrelationsrechnung aus den einzelnen Meßwerten ermittelt.

Es ist zu erkennen, daß der abgeschreckte Zustand die niedrigsten mechanischen Eigenschaften aufweist und daß allein durch Ofenabkühlung bereits eine Härtesteigerung von 15 bis 25 Brinelleinheiten und ein Festigkeitszuwachs von 6 kp/mm² bewirkt wird. Bezogen auf die maximal durch Warmauslagern zu erreichenden Werte sind das 32–42% in der Härte und 35% in der Zugfestigkeit.

Während der Härtezuwachs durch Warmauslagern und durch Ofenabkühlung gegenüber dem abgeschreckten Zustand mit steigender Dichte wächst, bleibt der Festigkeitszuwachs, ebenfalls bezogen auf den abgeschreckten Zustand, über den gesamten Dichtebereich konstant. Dieser Effekt läßt darauf schließen, daß die durch Ausscheidungen bewirkten Gitterverspannungen mit höherer Dichte stärker zum Tragen kommen, sich jedoch nur bei Druckbeanspruchung bemerkbar machen.

4.2 Einfluß der Lösungstemperatur auf die Eigenschaften ausscheidungsgehärteter Proben

Die Legierungen A 15, A 30, A 45, B 15 und C 30 wurden nach dem Sintern einem Lösungsglühen bei Temperaturen von 890 – 930 – 970 – 1010 – 1050 – 1090 – 1130 – 1170 – 1210 – 1250°C unterzogen. Die Behandlung wurde im Salzbad vorgenommen. Die Haltezeit nach Temperaturausgleich betrug 3 min. Diese relativ kurze Zeit muß unter Berücksichtigung der Erwärmungsart als ausreichend angesehen werden, um die geringen, während der Abkühlung von Sintertemperatur ausgeschiedenen Kupfermengen wieder in Lösung zu bringen. Vergleichsuntersuchungen mit längeren Haltezeiten (30 min) zeigten keine Abweichungen in den erzielten mechanischen Eigenschaften und bestätigen somit die Annahme.

Nach dem Lösungsglühen wurden die Proben in Wasser abgeschreckt und danach bei 450, 500 und 550°C über einen Zeitraum von 2 h angelassen. Die Ergebnisse der mechanischen und physikalischen Prüfungen sind in den Abb. 6–20 über der Lösungstemperatur aufgetragen.

4.2.1 Zugfestigkeit

Der Einfluß der Lösungstemperatur auf die Zugfestigkeit im ausscheidungsgehärteten Zustand ist für die einzelnen Legierungen unterschiedlich. Die Legierungen mit 1,5% und 3% Cu zeigen eine geringfügig ansteigende Tendenz der Zugfestigkeit mit zunehmender Lösungstemperatur (Abb. 6 und 7). Bis 1090°C

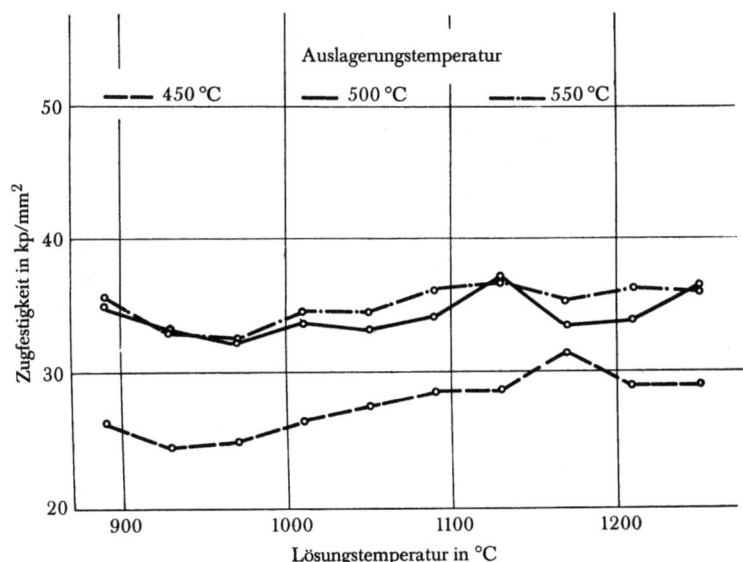

Abb. 6 Einfluß der Lösungstemperatur auf die Zugfestigkeit (Leg. A 15)

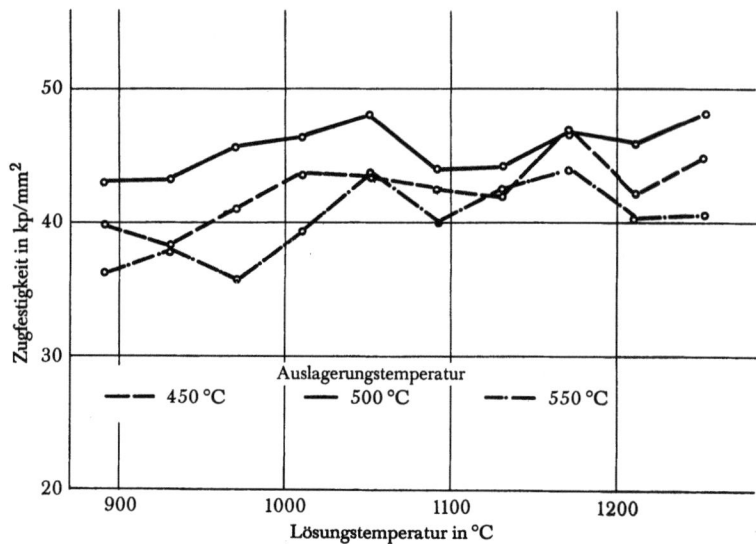

Abb. 7 Einfluß der Lösungstemperatur auf die Zugfestigkeit (Leg. A 30)

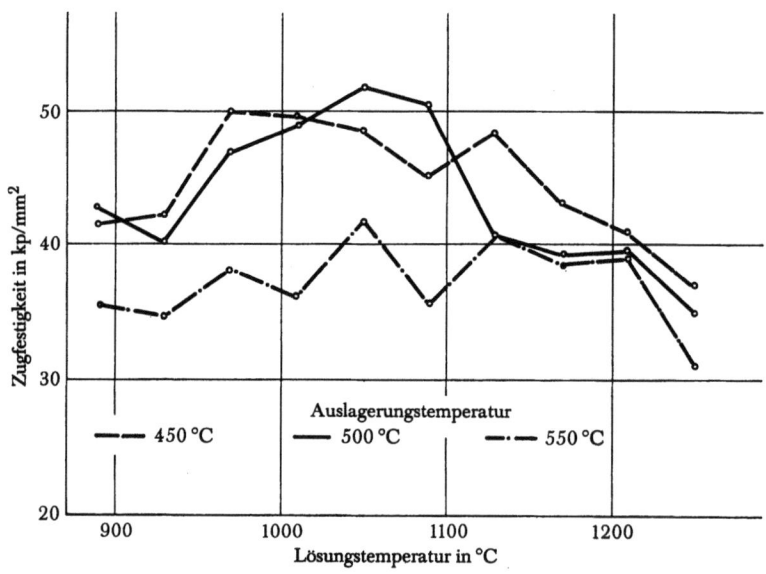

Abb. 8 Einfluß der Lösungstemperatur auf die Zugfestigkeit (Leg. A 45)

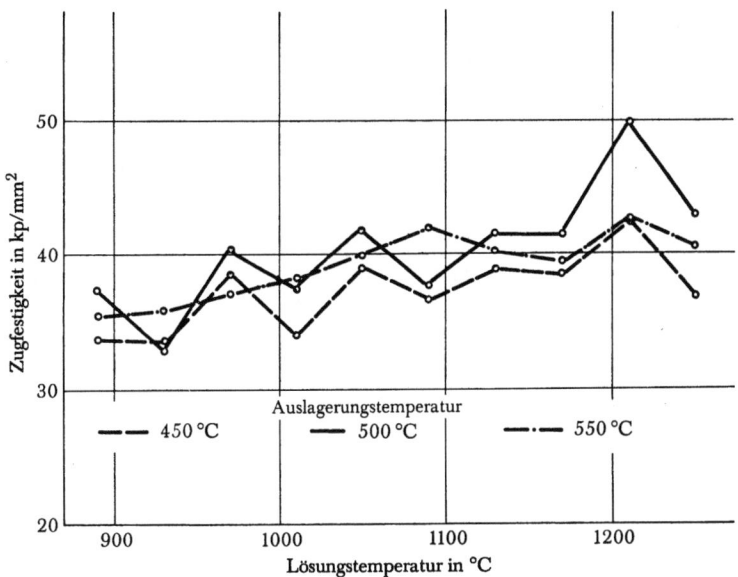

Abb. 9　Einfluß der Lösungstemperatur auf die Zugfestigkeit (Leg. B 15)

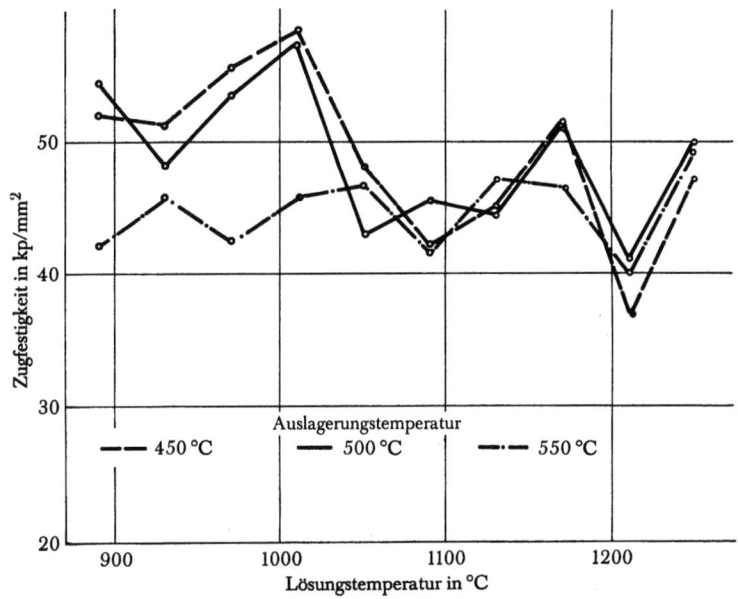

Abb. 10　Einfluß der Lösungstemperatur auf die Zugfestigkeit (Leg. C 30)

Lösungstemperatur ist diese ansteigende Tendenz auch bei der 4,5%igen Eisen/ Kupfer-Legierung vorhanden; oberhalb dieser Temperatur, die sicherlich mit dem Schmelzpunkt des Kupfers in Zusammenhang steht, beginnt die Zugfestigkeit wieder abzufallen (Abb. 8). Der nickelhaltige Sintereisenkupferstahl mit 2,5% Ni und 1,5% Cu weist das gleiche Bild wie die entsprechende nickelfreie Eisen/Kupfer-Legierung auf (Abb. 9). Wegen großer Streuungen ist das in Abb. 10 wiedergegebene Ergebnis einer Sintereisenlegierung mit 3% Kupfer und 5% Nickel nicht deutbar. Die Auslagerungstemperatur von 550°C allerdings gibt eine relativ stetig ansteigende Tendenz wieder, wie sie nach den Ergebnissen der Härteprüfung (Abb. 15) auch für die anderen Auslagerungstemperaturen erwartet werden muß. Die höchsten Werte für die Zugfestigkeit können bei den einzelnen Legierungen durch folgende Aushärtungsbedingungen gewonnen werden:

Tab. 4

Legierung	Dichte g/cm³	Zugfestigkeit kp/mm²	Lösungstemperatur °C	Auslagerungstemperatur °C	Auslagerungszeit h
RZ 150 + 1,5% Cu	7,15	36,6	1130	550	2
RZ 150 + 1,5% Cu + 2,5% Ni	7,2	41,0	1210	500	2
RZ 150 + 3 % Cu	7,04	48,0	1040	500	2
RZ 150 + 3 % Cu + 5 % Ni	6,88	58,2	1010	450	2
RZ 150 + 4,5% Cu	6,98	51,8	1040	500	2

Es ist in dieser Tabelle unberücksichtigt geblieben, ob eventuell eine längere oder kürzere Auslagerungszeit noch eine weitere Festigkeitssteigerung gebracht hätte. In einem späteren Kapitel wird auf diesen Zusammenhang noch einmal eingegangen.

4.2.2 Härte

Die Härte steigt mit zunehmender Lösungstemperatur bei allen untersuchten Legierungen praktisch stetig an (Abb. 11–15). Maxima, wie sie bei der Zugfestigkeit gefunden wurden, bestätigen sich mit wachsendem Kupfergehalt. Ein Nickelzusatz verändert den Verlauf der Kurven nicht.

Tab. 5 gibt die Maximal-Härten und die hierzu angewandten Auslagerungsbedingungen wieder.

Die durch Ausscheidungshärtung erzielbaren Härten reichen an 300 kp/mm² heran bei einer reinen Eisen/Kupfer-Legierung (4,5% Cu) mit einer Dichte von

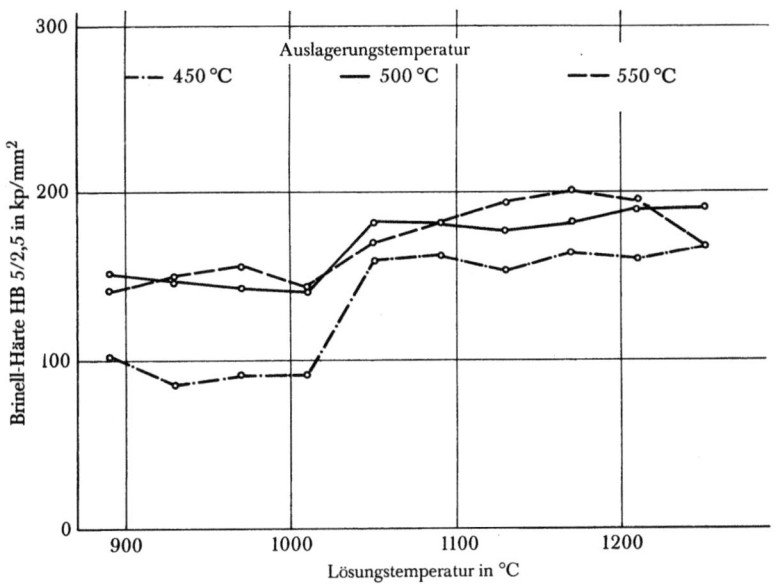

Abb. 11   Einfluß der Lösungstemperatur auf die Brinellhärte (Leg. A 15)

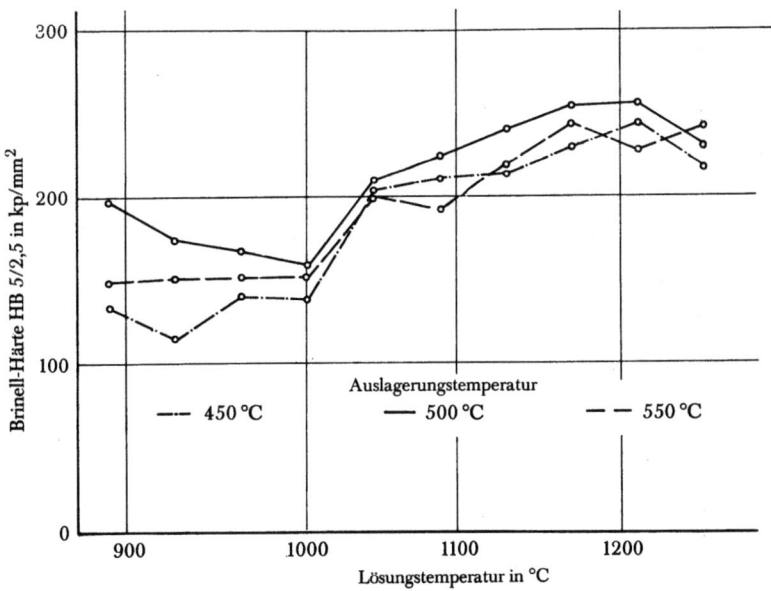

Abb. 12   Einfluß der Lösungstemperatur auf die Brinellhärte (Leg. A 30)

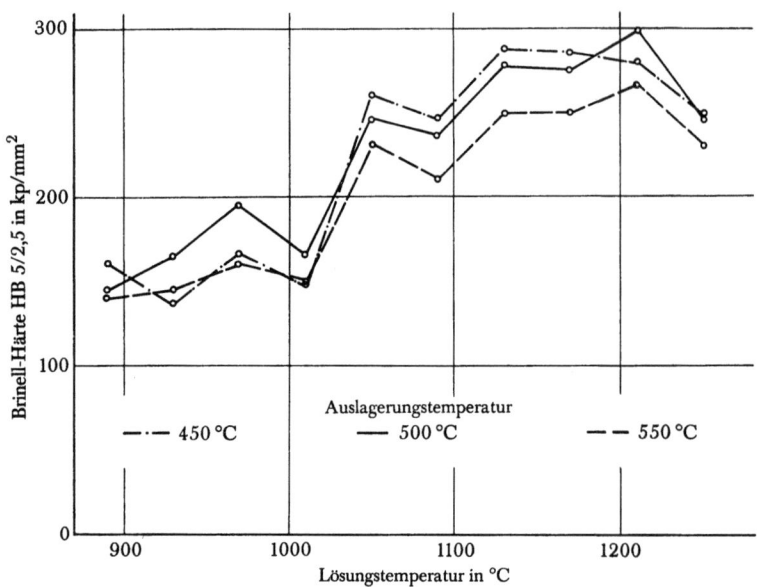

Abb. 13   Einfluß der Lösungstemperatur auf die Brinellhärte (Leg. A 45)

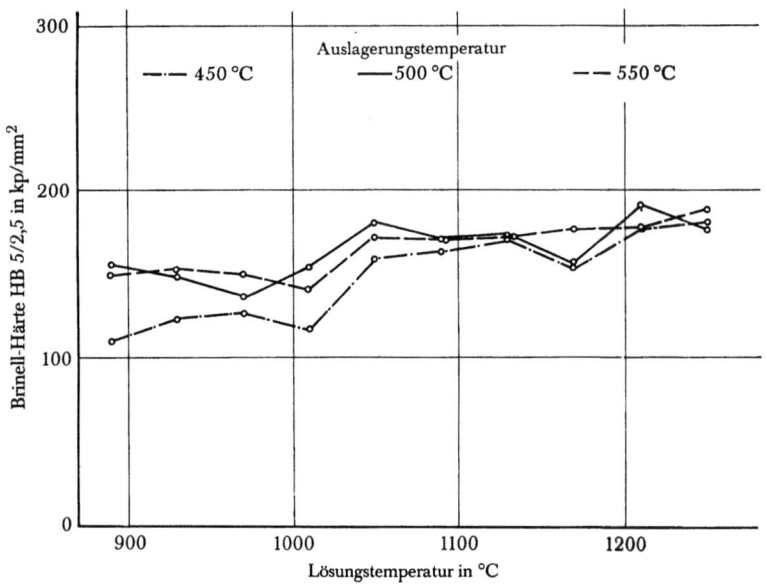

Abb. 14   Einfluß der Lösungstemperatur auf die Brinellhärte (Leg. B 15)

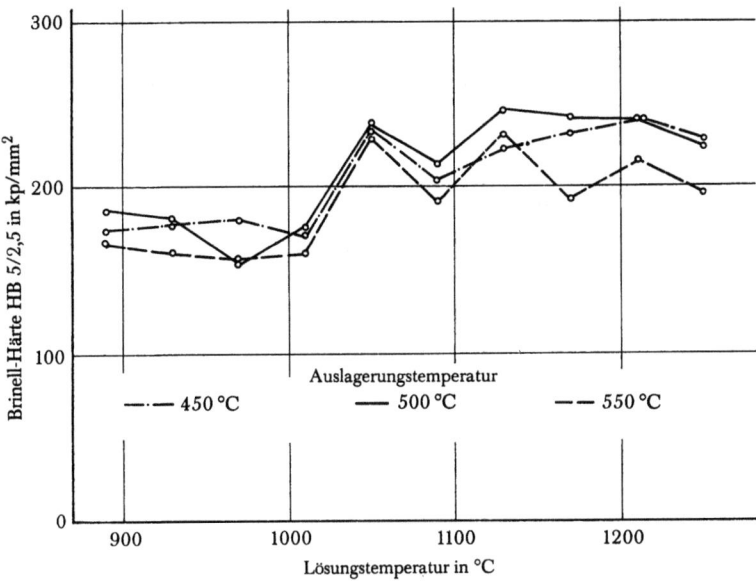

Abb. 15   Einfluß der Lösungstemperatur auf die Brinellhärte (Leg. C 30)

7,0 g/cm³. Insgesamt zeigt sich, daß reine Eisen/Kupfer-Legierungen hinsichtlich der Härte günstiger liegen, als zusätzlich mit Nickel legierte. Weiterhin fällt auf, daß die Lösungstemperatur zur Erzielung maximaler Härten höher liegen als die zur Erzielung optimaler Zugfestigkeiten. Diese Verschiebung ist vermutlich auf eine Kornvergröberung zurückzuführen, die zwar eine Härtesteigerung bewirkt, die Zugfestigkeit jedoch senkt.

Tab. 5

Legierung	Dichte	Härte	Lösungs-temperatur	Aus-lagerungs-temperatur	Aus-lagerungs-zeit
	g/cm³	kp/mm²	°C	°C	h
RZ 150 + 1,5% Cu	7,15	195	1130	550	2
RZ 150 + 1,5% Cu + 2,5% Ni	7,20	191	1210	500	2
RZ 150 + 3 % Cu	7,08	255	1170	500	2
RZ 150 + 3 % Cu + 5 % Ni	7,13	246	1130	500	2
RZ 150 + 4,5% Cu	7,0	299	1210	500	2

4.2.3 Leitfähigkeit

Während die vorausgegangenen Prüfmethoden nicht unbedingt allein den Einfluß der Ausscheidungshärtung widerspiegeln, sondern außerdem von anderen Faktoren, wie z. B. der mit ansteigender Lösungstemperatur wachsenden Korngröße, abhängig sind, gestattet die Prüfung der elektrischen Leitfähigkeit genauere Aussagen über das Maß der Ausscheidungen (Abb. 16–20).
Bekanntlich steigt die elektrische Leitfähigkeit mit der Menge der ausgeschiedenen Kupfersegregate an. Die Höhe der elektrischen Leitfähigkeit ist daher ein direktes Maß für die Anzahl der Ausscheidungen. Die hierüber gewonnenen Meßergebnisse sollen daher ausführlicher besprochen werden.

4.2.3.1 Eisen/Kupfer-Legierungen
        mit einem Kupfergehalt von 1,5%, 3% oder 4,5%

Die Leitfähigkeit steigt mit zunehmender Lösungstemperatur bis 1090°C an. Oberhalb 1090°C zeigt sich zunächst ein geringer Abfall, dann bleiben die Werte praktisch konstant, wenn man von Meßstreuungen absieht (Abb. 16, 17 und 18). Das Maximum bei 1090°C muß mit dem Schmelzpunkt des Kupfers in Zusammenhang gebracht und so gedeutet werden, daß Glühungen oberhalb des Kupferschmelzpunktes eine weitgehende Homogenisierung des γ-Mischkristalls und vollständigeres Lösen des Kupfers mit sich bringen.
Hierdurch wirkt sich die bekannte Erscheinung aus, daß die Leitfähigkeit von homogenen Mischkristallen mit zunehmendem Gehalt des Legierungspartners abfällt. Letzteres findet seinen Ausdruck auch in der absoluten Höhe der Leitfähigkeit zwischen den betrachteten Legierungen: Die Legierungen mit 4,5% Cu haben gegenüber denen mit 3% Cu über den gesamten Bereich der Lösungstemperaturen eine geringere Leitfähigkeit.

4.2.3.2 Eisen/Kupfer/Nickel-Legierungen

Der Kurvenverlauf der elektrischen Leitfähigkeit in Abhängigkeit von der Homogenisierungstemperatur weist bei nickellegierten Eisen/Kupfer-Sinterproben ein gänzlich anderes Bild auf als bei reinen Eisen/Kupfer-Verbindungen. Die Leitfähigkeit bleibt bereits bei Nickelgehalten von 2,5% über den untersuchten Bereich konstant (Abb. 19 und 20). Die Unterschiede zwischen den einzelnen Auslagerungstemperaturen sind gering; das bedeutet, daß das Element Nickel die Kupferlöslichkeit im Eisen so weit erhöht, daß nur noch geringe Kupfermengen bei der Warmauslagerung ausgeschieden werden. Die absolute Höhe der Leitfähigkeit liegt bei den Legierungen mit Nickel erheblich unter den reinen Eisen/Kupfer-Legierungen. Dieser Umstand ist wiederum auf die mit zunehmendem Legierungsgehalt abfallende Leitfähigkeit bei homogenen Mischkristallen zurückzuführen.

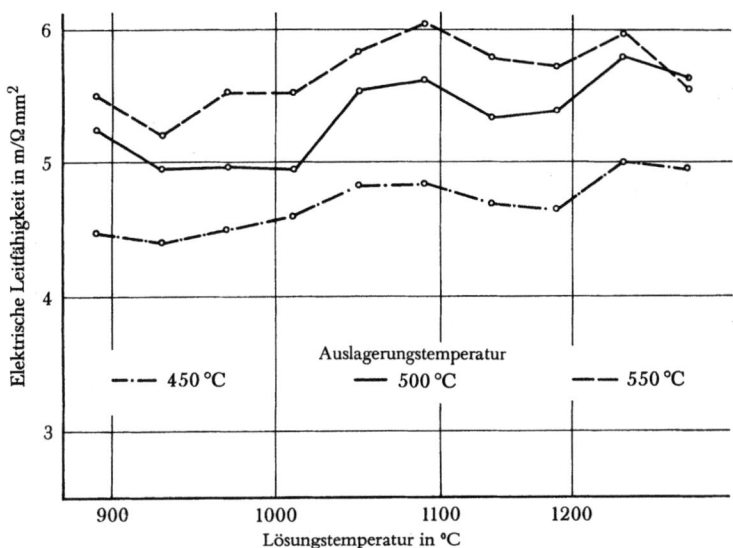

Abb. 16 Einfluß der Lösungstemperatur auf die elektrische Leitfähigkeit (Leg. A 15)

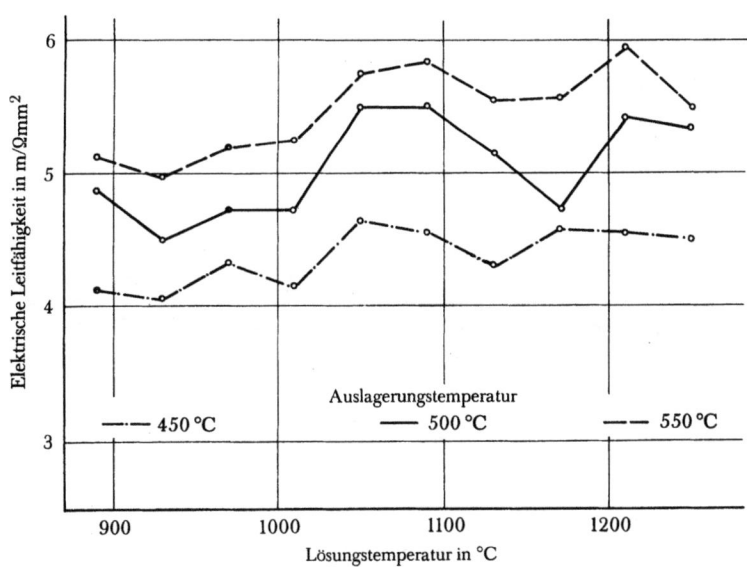

Abb. 17 Einfluß der Lösungstemperatur auf die elektrische Leitfähigkeit (Leg. A 30)

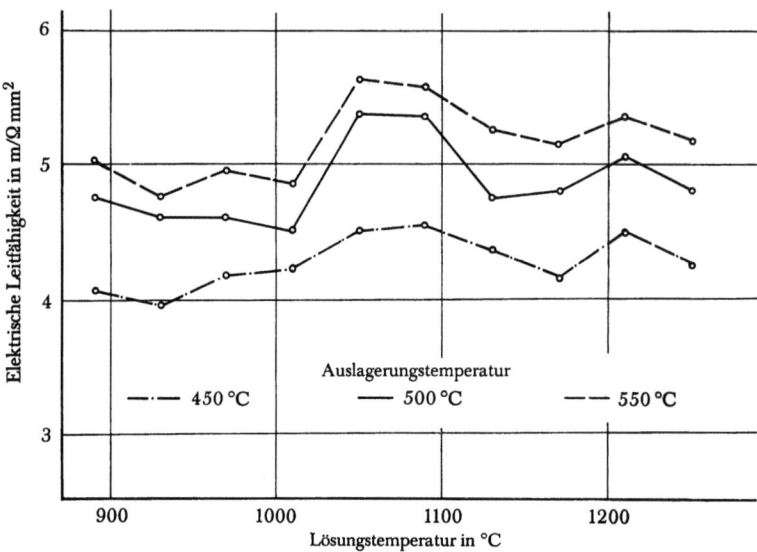

Abb. 18 Einfluß der Lösungstemperatur auf die elektrische Leitfähigkeit (Leg. A 45)

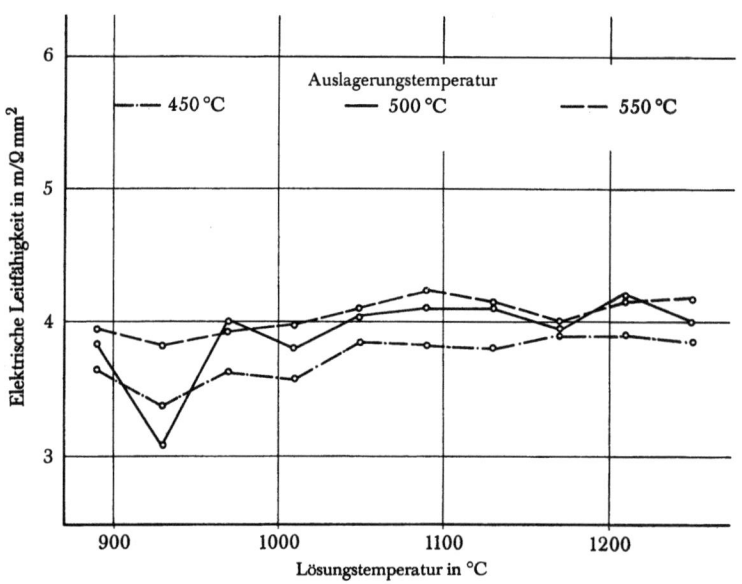

Abb. 19 Einfluß der Lösungstemperatur auf die elektrische Leitfähigkeit (Leg. B 15)

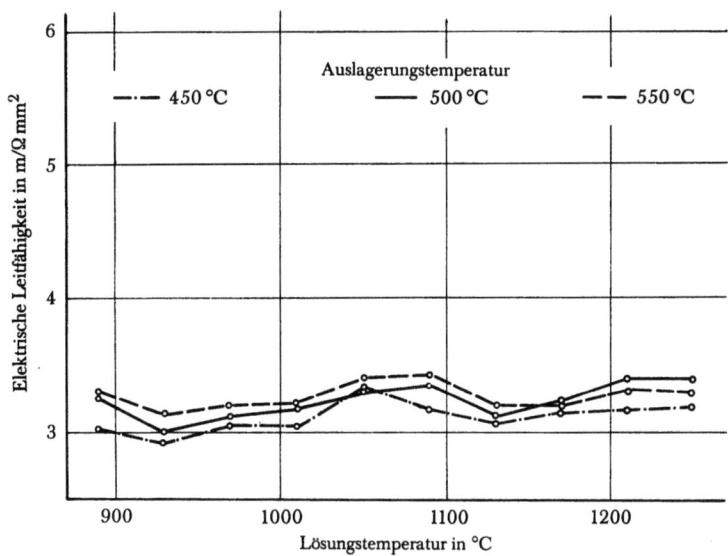

Abb. 20 Einfluß der Lösungstemperatur auf die elektrische Leitfähigkeit (Leg. C 30)

4.3 Einfluß der Auslagerungstemperatur auf die Ausscheidungsvorgänge

Die in den vorhergehenden Abschnitten besprochenen Diagramme ließen bereits den Einfluß der Auslagerungsbedingungen auf die mechanischen Eigenschaften erkennen. Im allgemeinen wurde die höchste Härte und Zugfestigkeit bei Auslagerungstemperaturen von 500 bis 550°C erzielt. Die maximalen Werte der elektrischen Leitfähigkeit lagen dagegen stets oberhalb 550°C.

Eng gekoppelt mit der Auslagerungstemperatur ist die Anlaßzeit, in dem Sinne, daß normalerweise eine Erhöhung der Auslagerungstemperatur bis zu einer bestimmten Grenze das gleiche Ergebnis zeigt wie eine entsprechende Verlängerung der Auslagerungszeit.

Es war bereits gezeigt worden, daß die Homogenisierungstemperatur zur Verbesserung der mechanischen Eigenschaften so hoch wie möglich gewählt werden sollte. Demgegenüber steht die Temperaturbelastung normaler Härteöfen, die mit 1000°C begrenzt ist. Die Untersuchungen hinsichtlich der optimalen Auslagerungstemperaturen wurden daher an Proben durchgeführt, die im Bereich von 890 bis 970°C einer Homogenisierungsglühung unterzogen wurden. Es wurde hierbei berücksichtigt, daß ein Einfluß der Homogenisierungstemperatur auf die Lage der optimalen Auslagerungstemperatur nur insoweit besteht, als mit steigender Homogenisierungstemperatur ein größerer Prozentsatz an Legierungspartnern gelöst werden könnte. Es genügt daher, in diesem Zusammenhang den Einfluß steigender Legierungsgehalte an Cu und Ni auf die Auslagerungstemperatur zu untersuchen.

4.3.1 Eisen/Kupfer-Legierungen

Nach dem Fickschen Diffusionsgesetz ist die Menge der pro Zeiteinheit diffundierenden Atome von dem Diffusionskoeffizienten und vom Konzentrationsgefälle abhängig. Auf die Verhältnisse der Warmauslagerung angewandt, läßt ein stärker übersättigter Mischkristall pro Zeiteinheit mehr Ausscheidungen erwarten als ein weniger stark übersättigter Kristall. Es ist außerdem anzunehmen, daß zur Ausscheidungsbildung um so niedrigere Auslagerungstemperaturen notwendig sind, je größer der Betrag der Übersättigung ist.

Diese Annahmen werden voll bestätigt durch Härtemessungen an Eisen/Kupfer-Legierungen mit 1, 2, 3 und 4% Kupfer. Die betreffenden Proben wurden nach dem Lösungsglühen verschiedenen Auslagerungstemperaturen ausgesetzt (Abb. 21). Die optimale Auslagerungstemperatur verschiebt sich mit steigendem Kupfergehalt zu tieferen Temperaturen. Für die Zugfestigkeit ergeben sich entsprechende Kurvenverläufe.

Die Steigerung der Härte und Zugfestigkeit durch Ausscheidungshärtung ist mit einer Abnahme der Zähigkeit gekoppelt. Während Messungen der Bruchdehnungen wegen der von vornherein geringen Höhe der Werte keine exakten Schlüsse auf die Lage der optimalen Auslagerungstemperaturen zulassen, stellt die Prüfung der Kerbschlagzähigkeit trotz großer Streuungen eine geeignete Meßmethode dar.

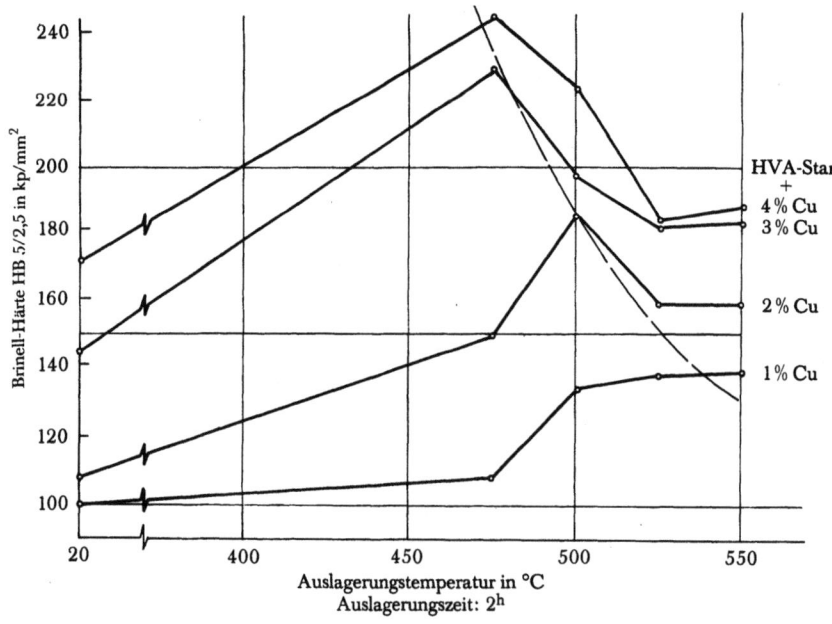

Abb. 21 Einfluß der Auslagerungstemperatur auf die Brinellhärte

Die an einer 2%igen Eisen/Kupfer-Legierung durchgeführte Untersuchung weist für die Auslagerungstemperaturen von 500 bis 525°C Höchstwerte der Härte und gleichzeitig die niedrigsten Kerbschlagzähigkeitswerte auf (Abb. 22).

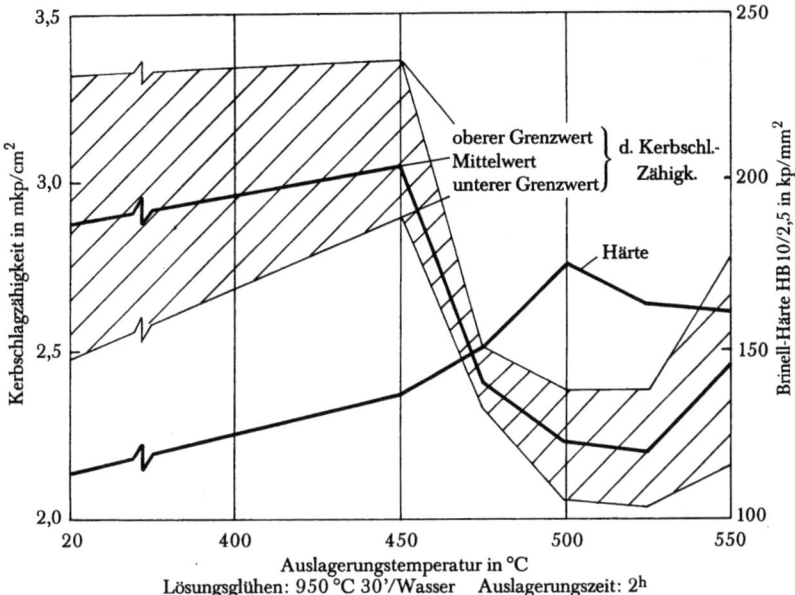

Abb. 22   Einfluß der Auslagerungstemperatur auf die Kerbschlagzähigkeit

4.3.2 Eisen/Kupfer/Nickel-Legierungen

Die bereits in Abschnitt 2.2.3.2 ausgesprochene Vermutung, daß Nickel die Kupferlöslichkeit im Eisen erhöht, wurde durch Auslagerungsversuche weiter bestätigt. Die Erscheinung kommt deutlich in den Abb. 23a und 23b zum Ausdruck, wo Legierungen mit 1,5% und 3% Kupfer ohne und mit Nickelzusatz gegeneinander aufgetragen sind.

Die nickellegierten Proben erreichen bei gleichem Kupfergehalt um 25–30 Brinelleinheiten geringere Härten und um 7–8 kp/mm² geringere Zugfestigkeiten. Sowohl bei 2,5% Ni und 1,5% Cu als auch bei 5% Ni und 3% Cu sind jedoch deutlich Härte- und Festigkeitssteigerungen durch Auslagern erkennbar. Die Kupferlöslichkeit im Eisen wird demzufolge nicht so weit durch Nickel heraufgesetzt, daß durch 2,5 bzw. 5% Nickel die zugegebenen 1,5 bzw. 3% Kupfer bei den gewählten Auslagerungstemperaturen vollkommen in Lösung bleiben.

Zur genauen Bestimmung der Löslichkeitsverhältnisse wurde daher in einer weiteren Versuchsserie die Änderung der elektrischen Leitfähigkeit von Eisen/Kupfer-

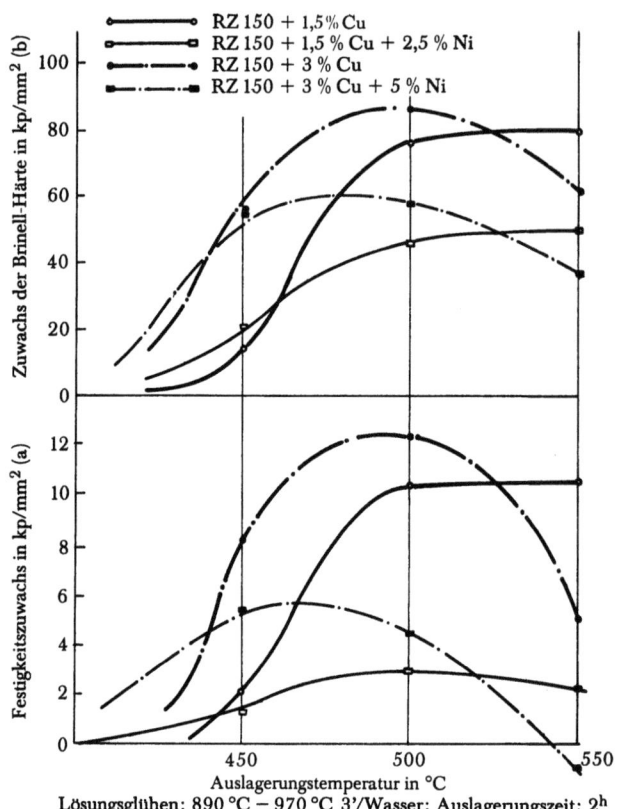

Abb. 23   Einfluß der Auslagerungstemperatur auf Zugfestigkeit (a) und Härte (b)

Legierungen mit 1,5%, 3% und 4,5% Cu sowie 0%, 2,5% und 5% Ni gemessen. Die Ergebnisse dieser Untersuchung sind in Abb. 24 wiedergegeben.

Nickelfreie Eisen/Kupfer-Legierungen weisen einen starken Anstieg der elektrischen Leitfähigkeit auf. Dieser Anstieg wird sich bis zu Temperaturen fortsetzen, wo sich das Kupfer wieder im Eisen zu lösen beginnt.

Durch Zusatz von 2,5% und 5% Ni zu den untersuchten Eisen/Kupfer-Legierungen wird der Zuwachs der elektrischen Leitfähigkeit durch Warmauslagern stark vermindert. Legierungen von 5% Ni und 1,5% Cu sind praktisch frei von Ausscheidungen. – Die Kurvenverläufe der nickellegierten Verbindungen lassen überdies Maxima bei 550°C oder wenig oberhalb 550°C erkennen. Das läßt den Schluß zu, daß Nickelgehalte ab 2,5% bereits bei diesen Temperaturen eine völlige Lösung für Kupfergehalte bis 4,5% im Eisen ermöglichen. Eine genaue Abgrenzung der Temperaturen und der Legierungsgehalte muß einer späteren Untersuchung vorbehalten bleiben.

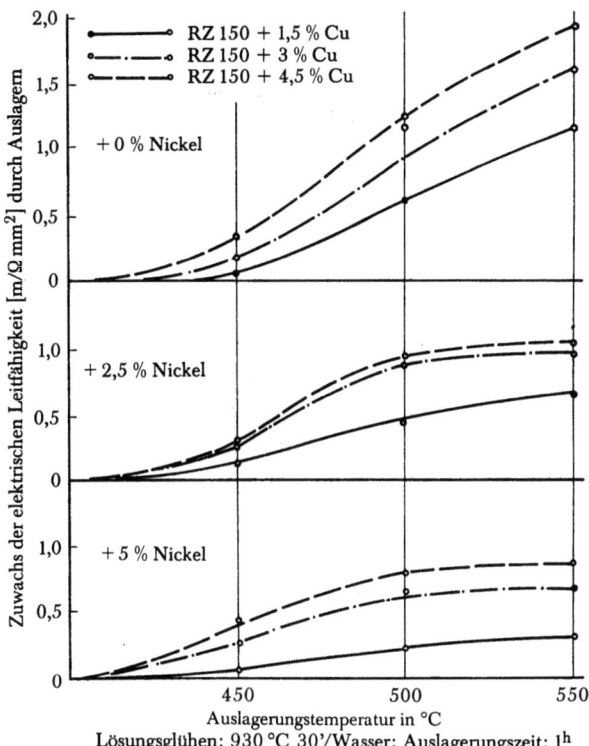

Abb. 24   Einfluß der Auslagerungstemperatur auf die elektrische Leitfähigkeit

4.4 Einfluß der Auslagerungszeit auf die Ausscheidungsvorgänge

In den bisher beschriebenen Versuchen war die Auslagerungszeit jeweils konstant auf 1 oder 2 h gehalten und die Auslagerungstemperatur variiert worden.
Es ist nicht zu erwarten, daß durch Veränderung der Auslagerungszeit grundsätzlich andere Ausscheidungseffekte erhalten werden; es ist jedoch wichtig für die Praxis zu wissen, welcher Auslagerungstemperatur welche optimale Auslagerungszeit zugeordnet ist.

4.4.1 *Eisen/Kupfer-Legierungen*

Wie aus den Abb. 25 und 26 zu entnehmen ist, erreichen Eisen/Kupfer-Legierungen mit 1,5%, 3% und 4,5% Cu maximale Härten und Zugfestigkeiten durch Auslagern bei 450°C über 8 h.
Die Diagramme lassen erkennen, daß kürzere Auslagerungszeiten bei entsprechend höheren Temperaturen beinahe zum gleichen Ziel führen. Tab. 6 gibt aus-

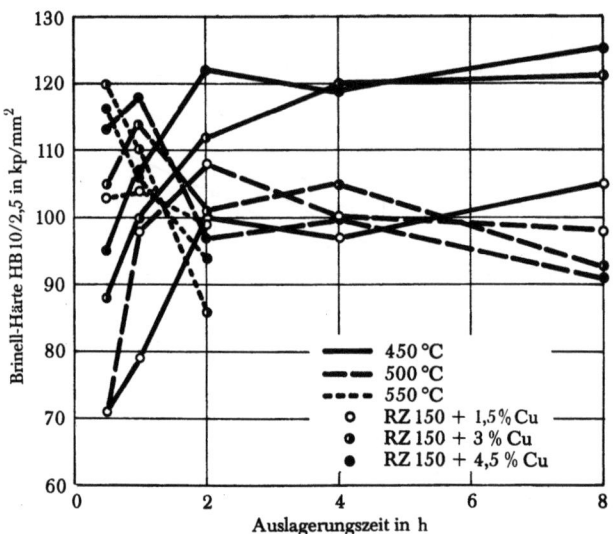

Abb. 25 Einfluß der Auslagerungszeit auf die Brinellhärte

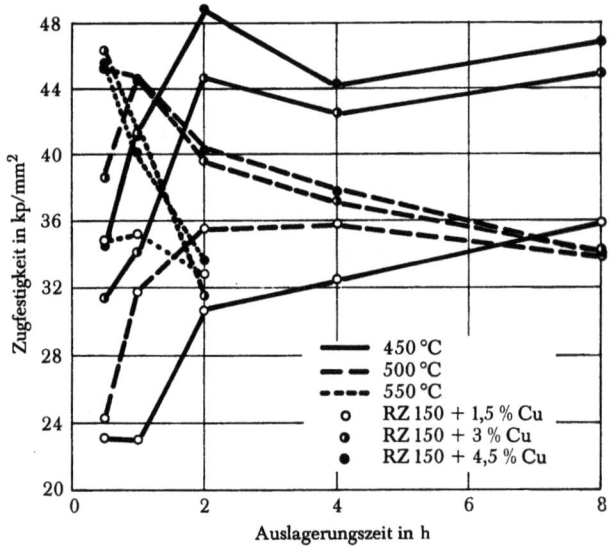

Abb. 26 Einfluß der Auslagerungszeit auf die Zugfestigkeit

zugsweise die Maximalwerte für Zugfestigkeit und Härte mit den anzuwendenden Auslagerungsbedingungen wieder. Zu beachten ist, daß dieser Versuchsreihe eine konstante Lösungsglühung (930°C 30 min/Wasser) zugrunde liegt.

Tab. 6

Legierung	Dichte g/cm³	Zug-festigkeit kp/mm²	Brinellhärte kp/mm²	Aus-lagerungs-temperatur °C	Aus-lagerungs-zeit h
RZ 150 + 1,5% Cu	6,80	35,9	105	450	8
dito + 2,5% Ni	7,02	43,6	127	.	.
dito + 5 % Ni	7,09	49,6	141	.	.
RZ 150 + 3 % Cu	6,60	45,0	121	.	.
dito + 2,5% Ni	6,90	58,5	155	.	.
dito + 5 % Ni	6,97	65,3	160	.	.
RZ 150 + 4,5% Cu	6,59	46,8	125	.	.
dito + 2,5% Ni	6,81	61,4	154	.	.
dito + 5 % Ni	6,90	65,6	164	.	4

Die Bruchdehnung (Abb. 27) erreicht im Bereich der optimalen Ausscheidungshärtung naturgemäß Tiefstwerte. Wegen der Ungenauigkeit der Dehnungsbestimmung im Bereich von 0 bis 3% Bruchdehnung lassen sich aus dieser Darstellung

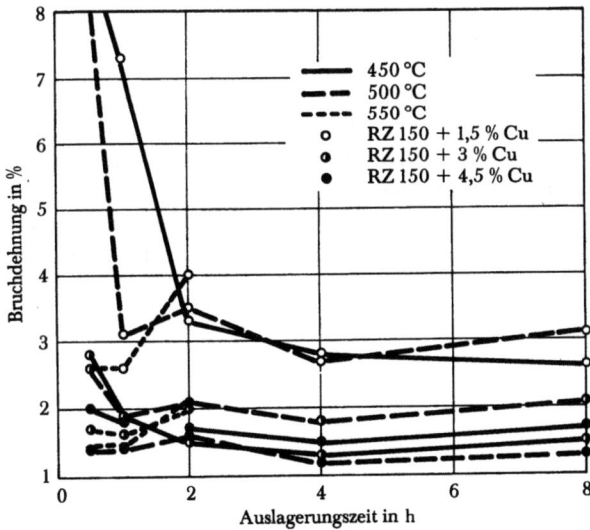

Abb. 27 Einfluß der Auslagerungszeit auf die Bruchdehnung

keine verbindlichen Minima angeben. Die Leitfähigkeit nimmt sowohl mit steigender Auslagerungstemperatur als auch Auslagerungszeit zu. Maxima sind aus der Abb. 28 nicht zu entnehmen.

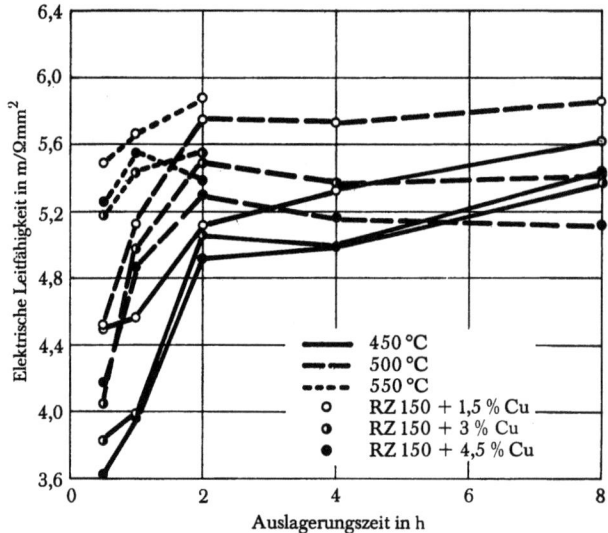

Abb. 28   Einfluß der Auslagerungszeit auf die elektrische Leitfähigkeit

4.4.2 Eisen/Kupfer/Nickel-Legierungen

Die Maxima für Härte und Zugfestigkeit liegen für die Legierungen mit 2,5% und 5% Ni bei 450°C und 8 h bzw. 4 h Auslagerungszeit (Abb. 29–32). Es können zum Teil höhere Werte bei kürzeren Zeiten und höheren Temperaturen erreicht werden, doch empfiehlt sich wegen der schlechten Einhaltbarkeit genauer Temperaturen und Zeiten in der Praxis der Weg zu längeren Zeiten. Hierbei haben kleinere Abweichungen in der Zeit keinen so großen Einfluß auf die mechanischen Eigenschaften.

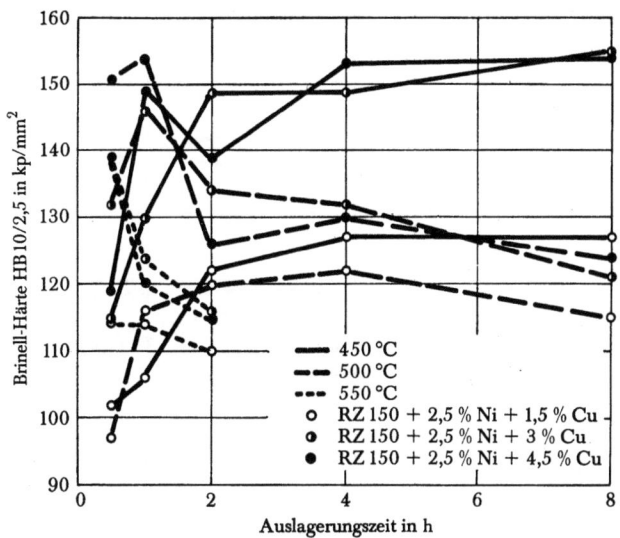

Abb. 29 Einfluß der Auslagerungszeit auf die Brinellhärte

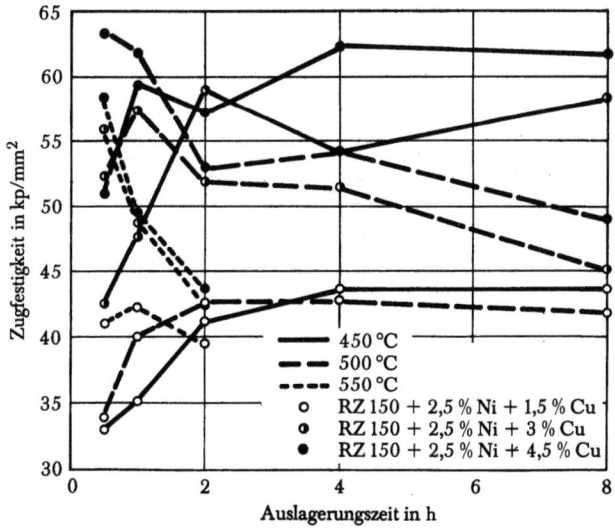

Abb. 30 Einfluß der Auslagerungszeit auf die Zugfestigkeit

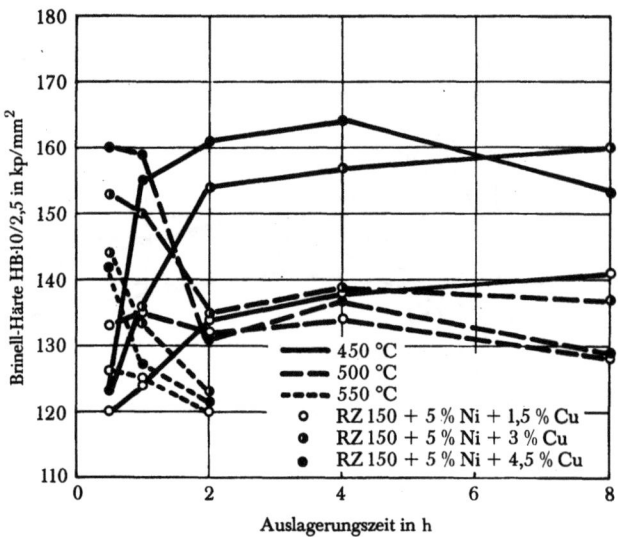

Abb. 31   Einfluß der Auslagerungszeit auf die Brinellhärte

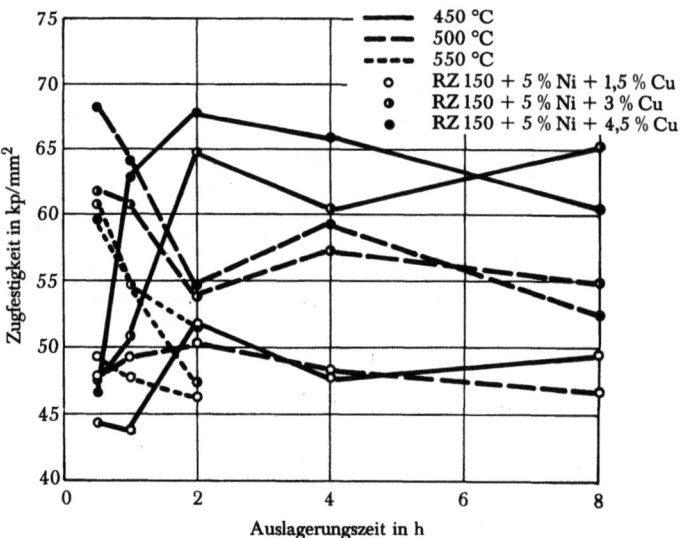

Abb. 32   Einfluß der Auslagerungszeit auf die Zugfestigkeit

5. Zusammenfassung

An einfach- und doppelgepreßten Proben aus Eisen/Kupfer- und Eisen/Kupfer/ Nickel-Legierungen mit 0–4,5% Cu und 0–5% Ni wurde der Einfluß der Sinterbedingungen, der Homogenisierungstemperatur, der Auslagerungstemperatur und -zeit auf die Ausscheidungsvorgänge untersucht.

Zur vollkommenen Lösung des Kupfers im Eisen sind Sintertemperaturen oberhalb des Kupferschmelzpunktes anzuwenden. Bereits bei der Abkühlung im Sinterofen treten die ersten Ausscheidungen auf, die Härtesteigerungen von 15 bis 25 Brinelleinheiten und Erhöhungen der Festigkeit um 6 kp/mm^2 gegenüber dem abgeschreckten Zustand erbringen. Die Natur der Ausscheidungen bewirkt, daß der Härteanstieg proportional der Dichte zunimmt, jedoch die Zugfestigkeit im gesamten Dichtebereich nur einen konstanten Zuwachs durch Ofenabkühlung oder Warmauslagern erfährt.

Zur neuerlichen Lösung des Kupfers im Eisen zum Zwecke der Ausscheidungshärtung sind nach dem Sintern wiederum Homogenisierungstemperaturen oberhalb des Kupferschmelzpunktes vorteilhaft. Diese Zusammenhänge werden nicht so sehr durch Prüfung der mechanischen Eigenschaften als durch Messungen der elektrischen Leitfähigkeit erkannt, da die Leitfähigkeit von anderen Einflüssen, wie z. B. Korngröße unabhängig ist.

Ein Nickelzusatz erhöht die Löslichkeit des Kupfers im Eisen. Der Einfluß der Lösungstemperatur auf die Ausscheidungsvorgänge ist daher bei nickellegierten Eisen/Kupfer-Verbindungen gering.

Die Höhe der optimalen Auslagerungstemperatur ist vom Grad der Übersättigung des α-Mischkristalls abhängig: Je höher der Kupfergehalt, um so niedriger müssen die Auslagerungstemperaturen sein. Durch Zulegieren von 2,5 bzw. 5% Nickel zu 1,5 bzw. 3,0%igen Eisen/Kupfer-Legierungen wird der Härtezuwachs durch Ausscheidungshärtung um mehr als 30% gesenkt, der Festigkeitszuwachs verringert sich um mehr als 55%. Die verbleibende Verbesserung der mechanischen Eigenschaften ist nicht so hoch, als daß vom technischen und wirtschaftlichen Standpunkt eine Wärmebehandlung von Eisen/Kupfer/Nickel-Legierungen in den beschriebenen Zusammensetzungen tragbar wäre.

Zur Bestimmung der günstigsten Auslagerungstemperatur eignet sich neben der Härte- und Festigkeitsprüfung auch die Ermittlung der Kerbschlagbiegezähigkeit. Diese Prüfung läßt besser als die Messung der Bruchdehnung die den Härte- und Festigkeitsmaxima zugeordneten Zähigkeitsminima erkennen.

Im Gegensatz zu der Anlaßbehandlung umwandlungsgehärteter Legierungen ist die Warmauslagerung ausscheidungshärtbarer Werkstoffe stark zeitabhängig. Es empfiehlt sich daher in der Praxis der sichere Weg, niedrige Auslagerungstemperaturen und dafür längere Auslagerungszeiten anzuwenden. Die beobachtete

Erhöhung der Kupferlöslichkeit im α-Eisen durch Anwensenheit von Nickel (0–5%) steht im Widerspruch zu den Untersuchungen von Bradley, Cox und Goldschmidt [18]. Eine entsprechende Überprüfung der Löslichkeitsverhältnisse im ternären System Fe—Cu—Ni mittels Röntgenbeugungsanalyse wäre wünschenswert.

Literaturverzeichnis

[1] ZAPF, G., Patentschrift D. P. 975 719: »Aus Metallpulver bestehende Sinterformlinge, die bei hoher Festigkeit große Zähigkeit besitzen«.
[2] ZAPF, G., U. VÖLKER und R. REINSTADLER, Forschungsbericht 1403 des Landes Nordrhein-Westfalen, »Entwicklung von Fertigungsmethoden zur Erzeugung hochfester Sinterteile«.
[3] OELSEN, W., E. SCHÜRMANN und C. FLORIN, Arch. Eisenhüttenw. 32 (1961), S. 719–728.
[4] MELCHIOR, P., Z. Metallkunde 21 (1929), S. 22–24.
[5] KINNEAR, H. B., Iron Age, Bd. 128 (1931), S. 696–699 und 820–824.
[6] NEHL, F., Stahl und Eisen, Bd. 50 (1930), S. 678–686.
[7] BUCHHOLTZ, H. und W. KÖSTER, Stahl und Eisen, Bd. 50 (1930), S. 687–695.
[8] GOETZEL, C. G., Powder Met. Bull. 1 (1946), S. 37–43.
[9] KELLEY, D. C., Iron Age 157 (1946), S. 57–60.
[10] ZAPF, G., Stahl und Eisen 74 (1954), S. 338–347.
[11] DAHL, O., J. PFAFFENBERGER und N. SCHWARTZ, Metallwirtschaft XIV, Nr. 34 (1935), S. 665–670.
[12] HOUDREMONT, E., Handbuch der Sonderstahlkunde (1956), S. 1269.
[13] BUMM, H. und H. C. MÜLLER, Wiss. Veröff. Siemens-Werke, Bd. 17 (1938), S. 126–150.
[14] MASAHIRO TOSAKI, Proc. Wcld. Engng. Congress Tokio, Papr. No. 614 (Mineralogie u. Metallurgie, Teil 4 [1931], S. 231–245).
[15] CHEVENARD, P. A., A. M. PORTEVIN und X. F. WACHE, J. inst. Met. 2 (1929), S. 352–365.
[16] JOSSO, E., Revue de Metallurgie 49 (1952), Nr. 10, S. 727–732.
[17] KÖSTER, W. und W. DANNÖHL, Z. Metallkunde 27 (1935), S. 220ff.
[18] BRADLEY, A. J., W. F. COX und J. H. GOLDSCHMIDT, Inl. Inst. Metals (1941), S. 189–201.
[19] FINDEISEN, G., Z. Metallkunde 54 (1963), S. 470–472.
[20] MITSCHE, R. und FA. ZEGLITSCH, Prakt. Metallografie, Bd. 2, Heft 3, Juni 1965.

FORSCHUNGSBERICHTE DES LANDES NORDRHEIN-WESTFALEN

Herausgegeben im Auftrage des Ministerpräsidenten Dr. Franz Meyers vom Landesamt für Forschung, Düsseldorf

HÜTTENWESEN · WERKSTOFFKUNDE

HEFT 4
Prof. Dr. med. Erich A. Müller und Dipl.-Ing. H. Spitzer, Max-Planck-Institut für Arbeitsphysiologie, Dortmund
Untersuchungen über die Hitzebelastung in Hüttenbetrieben
1952. 20 Seiten, 5 Abb., 1 Tabelle. DM 9,—

HEFT 48
Max-Planck-Institut für Eisenforschung, Düsseldorf
Spektrochemische Analyse der Gefügebestandteile in Stählen nach ihrer Isolierung
1953. 31 Seiten, 12 Abb., 5 Tabellen. DM 7,80

HEFT 49
Max-Planck-Institut für Eisenforschung, Düsseldorf
Untersuchungen über Ablauf der Desoxydation und die Bildung von Einschlüssen in Stählen
1953. 45 Seiten, 19 Abb., 3 Tabellen. Vergriffen

HEFT 50
Max-Planck-Institut für Eisenforschung, Düsseldorf
Flammenspektralanalytische Untersuchung der Ferritzusammensetzung in Stählen
1953. 34 Seiten, 15 Abb., 4 Tabellen. Vergriffen

HEFT 74
Max-Planck-Institut für Eisenforschung, Düsseldorf
Versuche zur Klärung des Umwandlungsverhaltens eines sonderkarbidbildenden Chromstahls
1954. 48 Seiten, 10 Abb. DM 14,—

HEFT 75
Max-Planck-Institut für Eisenforschung, Düsseldorf
Zeit-Temperatur-Umwandlungs-Schaubilder als Grundlage der Wärmebehandlung der Stähle
1954. 34 Seiten, 13 Abb. DM 8,70

HEFT 89
Verein Deutscher Ingenieure, Gleitlagerforschung, Düsseldorf, und Prof. Dr.-Ing. G. Vogelpohl, Göttingen
Versuche mit Preßstoff-Lagern für Walzwerke
1954. 57 Seiten, 34 Abb. Vergriffen

HEFT 96
Dr.-Ing. Paul Koch, Dortmund
Austritt von Exoelektronen aus Metalloberflächen unter Berücksichtigung der Verwendung des Effektes für die Materialprüfung
1954. 21 Seiten, 13 Abb. DM 7,—

HEFT 105
Dr.-Ing. Robert Meldau, Harsewinkel/Westf.
Auswertung von Gekörn – Analysen des Musterstaubes »Flugasche Fortuna I«
1955. 28 Seiten, 14 Abb. DM 8,50

HEFT 132
Prof. Dr. phil. nat. W. Seith, Münster
Über Diffusionserscheinungen in festen Metallen
1955. 27 Seiten, 19 Abb., 4 Tabellen. Vergriffen

HEFT 143
Prof. Dr. phil. Franz Wever, Dr. phil. Adolf Rose und Dipl.-Ing. W. Straßburg, Max-Planck-Institut für Eisenforschung, Düsseldorf
Härtbarkeit und Umwandlungsverhalten der Stähle
1955. 33 Seiten, 12 Abb., 3 Tabellen. Vergriffen

HEFT 153
Prof. Dr.phil. Franz Wever, Dr.-Ing. Wilhelm Anton Fischer und Dipl.-Ing. J. Engelbrecht, Düsseldorf
I. Die Reduktion sauerstoffhaltiger Eisenschmelzen im Hochvakuum mit Wasserstoff und Kohlenstoff
II. Einfluß geringer Sauerstoffgehalte auf das Gefüge und Alterungsverhalten von Reineisen
1955. 42 Seiten, 15 Abb., 2 Tabellen. DM 12,40

HEFT 154
Prof. Dr.-Ing. P. Bardenheuer und Dr.-Ing. Wilhelm Anton Fischer, Düsseldorf
Die Verschlackung von Titan aus Stahlschmelzen im sauren und basischen Hochfrequenzofen unter verschiedenen Schlacken
1955. 23 Seiten, 10 Abb., 1 Tabelle. DM 7,95

HEFT 162
Prof. Dr. phil. Franz Wever,
Prof. Dr. rer. techn. Albert Kochendörfer und
Dr.-Ing. Chr. Rohrbach, Max-Planck-Institut für
Eisenforschung, Düsseldorf
Kennzeichnung der Sprödbruchneigung von
Stählen durch Messung der Fließspannung, Reißspannung und Brucheinschnürung an dreiachsig
beanspruchten Proben
1955. 46 Seiten, 26 Abb. DM 13,—

HEFT 170
Prof. Dr. phil. Franz Wever, Dr. phil. Adolf Rose und
Dipl.-Ing. L. Rademacher, Max-Planck-Institut für
Eisenforschung, Düsseldorf
Anwendung der Umwandlungsschaubilder auf
Fragen der Werkstoffauswahl beim Schweißen und
Flammhärten
1955. 51 Seiten, 25 Abb. DM 13,70

HEFT 205
Dr. Carl Schaarwächter, Laboratorium für Rostschutz
und Oberflächentechnik, Düsseldorf
Über plastische Kupfer-Eisen-Phosphor-Legierungen
1956. 25 Seiten, 10 Abb., 10 Tabellen. DM 8,30

HEFT 227
Prof. Dr. phil. Franz Wever und Dr. Wolfgang Wepner,
Max-Planck-Institut für Eisenforschung, Düsseldorf
Untersuchung der Alterungsneigung von weichen
unlegierten Stählen durch Härteprüfung bei
Temperaturen bis 300° C
1956. 24 Seiten, 20 Abb., 3 Tabellen. DM 7,95

HEFT 228
Prof. Dr. phil Franz Wever, Dr. phil. Walter Koch
und Dr. rer. nat. Bernd Alexander Steinkopf, Max-
Planck-Institut für Eisenforschung, Düsseldorf
Spektrochemische Grundlagen der Analyse von
Gemischen aus Kohlenmonoxyd, Wasserstoff und
Stickstoff
1956. 31 Seiten, 18 Abb., 1 Tabelle. DM 9,90

HEFT 229
Prof. Dr. phil. Franz Wever, Dr. phil Walter Koch
und Dr.-Ing. Hanns Malissa, Max-Planck-Institut für
Eisenforschung, Düsseldorf
Über die Anwendung disubstituierter Dithiocarbamate der analytischen Chemie
1955. 30 Seiten, 30 Abb., 5 Tabellen. DM 10,50

HEFT 230
Prof. Dr. phil. Franz Wever und
Dr. phil. Wolfgang Wepner, Max-Planck-Institut für
Eisenforschung, Düsseldorf
Bestimmung kleiner Kohlenstoffgehalte im α-Eisen
durch Dämpfungsmessung
1955. 19 Seiten, 5 Abb., 2 Tabellen. DM 7,70

HEFT 234
Dr.-Ing K. G. Speith und Dr.-Ing A. Bungeroth
Duisburg
Versuche zur Steigerung des Kokillen-Schluckvermögens beim Stranggießen von Stahl
1956. 15 Seiten, 5 Abb. DM 6,15

HEFT 244
Prof. Dr. phil. Franz Wever, Dr. phil. Walter Koch
und Dr. Siegfried Eckhard, Max-Planck-Institut für
Eisenforschung, Düsseldorf
Erfahrungen mit der spektrochemischen Analyse
von Gefügebestandteilen des Stahles
1956. 22 Seiten, 8 Abb., 2 Tabellen. DM 7,80

HEFT 263
Prof. Dr. phil. Heinrich Lange und
Dipl.-Phys. Rudolf Kohlhaas, Institut für theoretische
Physik der Universität Köln
Über die Wärmeleitfähigkeit von Stählen bei hohen
Temperaturen: Teil I: Literaturbericht
1956. 37 Seiten, 26 Abb., 8 Tabellen. DM 10,70

HEFT 268
Prof. Dr.-Ing. G. Vogelpohl, VDI, Max-Planck-
Institut für Strömungsforschung, Göttingen
Über die Tragfähigkeit von Gleitlagern und ihre
Berechnung
1956. 66 Seiten, 24 Abb., 7 Tabellen. Vergriffen

HEFT 283
Prof. Dr.-phil Franz Wever und
Dr.-Ing. Werner Lueg, Max-Planck-Institut für Eisenforschung, Düsseldorf
Warmstauchversuche zur Ermittlung der Formänderungsfestigkeit von Gesenkschmiede-Stählen
1956. 31 Seiten, 19 Abb. DM 9,90

HEFT 288
Dr. phil Kurt Brücker-Steinkuhl, Düsseldorf
Anwendung mathematisch-statischer Verfahren in
der Industrie
1956. 103 Seiten, 28 Abb., 14 Tabellen. Vergriffen

HEFT 290
Dr. rer. nat. Dietrich Horstmann, Max-Planck-
Institut für Eisenforschung, Düsseldorf
I. Der verstärkte Angriff des Zinks auf Eisen im
Temperaturgebiet um 500° C
II. Einfluß eines Antimongehaltes auf den Angriff
von Zinkschmelzen auf Eisen
1956. 36 Seiten, 33 Abb., 3 Tabellen. DM 11,90

HEFT 291
Dr.-Ing. Hans-Joachim Wiester und
Dr. rer. nat. Dietrich Horstmann, Max-Planck-Institut
für Eisenforschung, Düsseldorf
Der Angriff eisengesättigter Zinkschmelzen auf
silizium- und manganhaltiges Eisen
1956. 40 Seiten, 45 Abb., 8 Tabellen. DM 12,60

HEFT 311
*Prof. Dr. phil. Franz Wever und
Dr. phil. nat. Max Hempel, Düsseldorf*
Dauerschwingfestigkeit von Stählen bei erhöhten Temperaturen
Teil I: Erkenntnisse aus bisherigen Dauerschwingversuchen in der Wärme
1956. 36 Seiten, 19 Abb., 2 Tabellen. DM 10,90

HEFT 312
*Prof. Dr. phil. Franz Wever und
Dr. phil. nat. Max Hempel, Max-Planck-Institut für Eisenforschung, Düsseldorf*
Dauerschwingfestigkeit von Stählen bei erhöhten Temperaturen
Teil II: Zug-Druck-Dauerschwingversuche an zwei warmfesten Stählen bei Temperaturen von 500 bis 650°C
1956. 36 Seiten, 20 Abb., 3 Tabellen. DM 13,—

HEFT 313
Prof. Dr. phil. Franz Wever, Dr. phil. Walter Koch und Dipl.-Phys. Helga Rohde, Max-Planck-Institut für Eisenforschung, Düsseldorf
Änderungen des Habitus und der Gitterkonstanten des Zementits in Chromstählen bei verschiedenen Wärmebehandlungen
1956. 76 Seiten, 20 Abb., 8 Tabellen. DM 20,90

HEFT 314
*Prof. Dr. phil. Franz Wever,
Dr.-Ing. habil. Alfred Krisch und
Dr.-Ing. Hans-Joachim Wiester, Max-Planck-Institut für Eisenforschung, Düsseldorf*
Veränderungen im Gefügeaufbau von Chrom-Nickel-Molybdän-Stählen bei langzeitiger Beanspruchung im Zeitstandversuch bei 500°
1956. 35 Seiten, 26 Abb., 5 Tabellen. DM 11,70

HEFT 315
*Prof. Dr. phil. Franz Wever und
Dr.-Ing. habil. Alfred Krisch, Max-Planck-Institut für Eisenforschung, Düsseldorf*
Metallkundliche Untersuchungen an Zeitstandproben
1956. 25 Seiten, 12 Abb. DM 9,15

HEFT 336
Dr. phil. Tung-ping Yao, Gießerei-Institut der Rhein.-Westf. Technischen Hochschule Aachen
Die Viskosität metallischer Schmelzen
1956. 53 Seiten, 28 Abb., 2 Tabellen. DM 14,40

HEFT 342
*Prof. Dr.-Ing. Helmut Winterhager und
Dipl.-Ing. Wolfgang Barthel, Aachen*
Die Gewinnung von Titan-Schlacken-Konzentraten aus eisenreichen Ilmeniten
1956. 47 Seiten, 30 Abb., 6 Tabellen. DM 13,30

HEFT 348
*Prof. Dr.-Ing. Eugen Piwowarsky † und
Dr.-Ing. Ernst Günter Nickel. Gießerei-Institut der Rhein.-Westf. Technischen Hochschule Aachen*
Metallurgie eines hochwertigen Gußeisens mit kompakter bis kegelförmiger Graphitausbildung
1956. 46 Seiten, 27 Abb., 5 Tabellen. DM 13,30

HEFT 349
*Dr.-Ing. Wilhelm-Anton Fischer,
Dr.-Ing. Helmut Treppschuh und
Dr.-Ing. Karl Heinz Köthemann, Max-Planck-Institut für Eisenforschung, Düsseldorf*
Tiegel aus Schmelzmagnesia für Vakuuminduktionsöfen
1957. 23 Seiten, 14 Abb. DM 8.40

HEFT 367
Dr. rer. nat. Dietrich Horstmann, Max-Planck-Institut für Eisenforschung, Düsseldorf
Der Angriff eisengesättigter Zinkschmelzen auf kohlenstoff-, schwefel- und phosphorhaltiges Eisen
1957. 42 Seiten, 22 Abb., 6 Tabellen. DM 12,85

HEFT 392
*Prof. Dr. phil. Franz Wever,
Dr. phil. Walter Koch, Düsseldorf,
Dr.-Ing. Helmut Knüppel,
Dr. rer. nat. Bernd Alexander Steinkopf,
Dipl.-Ing. Karl Ernst Mayer und
Dipl.-Phys. Gert Wiethoff, Dortmund*
Untersuchungen über den Konverterrauch im Hinblick auf die spektrale Überwachung des Thomasprozesses
1957. 36 Seiten, 14 Abb., 4 Tabellen. DM 12,10

HEFT 407
Prof. Dr.-Ing. Dr.-Ing. E. h. Hermann Schenk, Aachen und Dr.-Ing. Werner Wenzel, Bad Godesberg
Entwicklungsarbeiten auf dem Gebiete der Verhüttung von Erzstaub in Schmelzkammern
1957. 71 Seiten, 9 Abb., 18 Tabellen. DM 17,10

HEFT 408
Prof. Dr. phil. Franz Wever, Dr.-Ing. Werner Lueg und Dr.-Ing. Hans Günter Müller, Max-Planck-Institut für Eisenforschung, Düsseldorf
Kraft- und Arbeitsbedarf beim Warmscheren von Stahl in Abhängigkeit von Temperatur und Schnittgeschwindigkeit
1957. 33 Seiten, 15 Abb., 3 Tabellen. DM 11,35

HEFT 409
*Prof. Dr. phil. Franz Wever,
Dr. phil. Walter Koch,
Dr. rer. nat. Christa Ilschner-Gensch und
Dipl.-Phys. Helga Rohde, Max-Planck-Institut für Eisenforschung, Düsseldorf*
Das Auftreten eines kubischen Nitrids in aluminiumlegierten Stählen
1957. 26 Seiten, 12 Abb., 3 Tabellen. DM 10,10

HEFT 410
Prof.Dr. phil. Franz Wever,
Prof. Dr. rer. techn. Albert Kochendörfer,
Dr. phil. nat. Max Hempel und
Dipl.-Phys. Emil Hillenhagen, Max-Planck-Institut für Eisenforschung, Düsseldorf
Biegewechselversuche mit Flachproben aus Alpha-Eisen-Kristallen zur Bestimmung der Wechselfestigkeit und der Gleitspuren
1957. 100 Seiten, 58 Abb., 3 Tabellen. DM 30,—

HEFT 455
Dr.-Ing. Wilhelm Anton Fischer,
Dr.-Ing. Helmut Treppschuh und
Dipl.-Phys. Karl Heinz Köthemann, Max-Planck-Institut für Eisenforschung, Düsseldorf
Erschmelzung von Reinsteisen nach dem Kohlenstoffproduktionsverfahren und Kerbschlagzähigkeit-Temperatur-Kurven dieses Eisens
1957. 25 Seiten, 7 Abb., 6 Tabellen. DM 9,35

HEFT 456
Privatdozent Dr.-Ing. Karl Bungardt, Krefeld
Zeitstandversuche an austenitischen Stählen und Legierungen
1958. 23 Seiten und Anhang mit Abbildungen und Tafeln z. T. auf Falttafeln. DM 19,85

HEFT 457
Prof. Dr. phil. Franz Wever und
Dr. phil. Wolfgang Wepner, Max-Planck-Institut für Eisenforschung, Düsseldorf
Dämpfungsmessungen an schwach gereckten Eisen-Kohlenstoff-Legierungen
1957. 22 Seiten, 7 Abb., 3 Tabellen. DM 8,40

HEFT 458
Prof.-Ing. Dr.-Ing. E. h. Hermann Schenk und
Dr.-Ing. Eugen Schmidtmann, Aachen,
Dr.-Ing. Hans Kosmider, Dr.-Ing. Herbert Neuhaus und Dr.-Ing. Alfred Krüger, Haspe
Das Frischen von Thomas-Roheisen mit Sauerstoff-Wasserdampf-Gemischen und die Eigenschaften der damit erblasenen Stähle
1957. 50 Seiten, 56 Abb. DM 16,35

HEFT 459
Prof. Dr. phil. Franz Wever,
Dr. phil. Otto Krisement und Hanna Schädler, Max-Planck-Institut für Eisenforschung, Düsseldorf
Ein isothermes Mikrokalorimeter zur kinetischen Messung von Umwandlungs- und Ausscheidungsvorgängen in Legierungen
1957. 31 Seiten, 14 Abb. DM 10,75

HEFT 460
Prof. Dr. phil. Franz Wever und
Dr. rer. nat. Bernhard Ilschner, Max-Planck-Institut für Eisenforschung, Düsseldorf
Ein isothermes Lösungskalorimeter zur Bestimmung thermo-dynamischer Zustandsgrößen von Legierungen
1957. 31 Seiten, 7 Abb., 4 Tabellen. DM 10,40

HEFT 461
Prof. Dr.-Ing. habil. Eugen Piwowarsky †
Prof. Dr.-Ing. Wilhelm Patterson und
Dipl.-Ing. Friedrich Wilhelm Iske, Gießerei-Institut der Rhein.-Westf. Technischen Hochschule Aachen
Verbesserung der Zähigkeitseigenschaften von Bessemer-Stahlguß
1957. 41 Seiten, 15 Abb., 16 Tabellen. DM 12,75

HEFT 492
Prof. Dr. phil. Josef Meixner und
Dr. rer. nat. Bruno Manz, Institut für theoretische Physik der Rhein.-Westf. Technischen Hochschule Aachen
Zur Theorie der irreversiblen Prozesse in α-Eisen
1958. 10 Seiten, 1 Abb. DM 5,70

HEFT 519
Prof. Dr. phil. Franz Wever,
Dr. phil. Walter Koch und
Dr. phil. Siegfried Eckhard, Max-Planck-Institut für Eisenforschung, Düsseldorf
Die spektrographische Bestimmung der Spurenelemente in Stahl ohne vorherige Abbrennung
1958. 36 Seiten, 22 Abb. DM 12,60

HEFT 542
Dr. phil. nat. Gerhard Zapf, Schwelm
Entwicklung eines Verfahrens zur Herstellung von Formteilen aus Sintermessing
1958. 43 Seiten, 23 Abb., 7 Tabellen. DM 15,15

HEFT 552
Dr.-Ing. Gerhard Leiber und
Dipl.-Ing. Dieter Schauwinhold, Duisburg-Hamborn
Versuche zur Erzeugung halbberuhigten Stahles
1958. 28 Seiten, 23 Abb., 6 Tabellen. DM 11,30

HEFT 562
Prof. Dr.-Ing. Dr.-Ing. E. h. Hermann Schenck,
Prof. Dr. phil. habil. Norbert G. Schmahl und
Dr.-Ing. Götz Funke, Institut für Eisenhüttenwesen der Rhein.-Westf. Technischen Hochschule Aachen
Die Reduzierbarkeit von Eisenerzen
1958. 101 Seiten, 89 Abb., 10 Tabellen. DM 29,25

HEFT 573
Prof. Dr. phil. Franz Wever,
Dr. rer. nat. Werner Jellinghaus und
Dr.-Ing. Toshimori Shuin, Max-Planck-Institut für Eisenforschung, Düsseldorf
Gemischt-keramische Sinterwerkstoffe aus Aluminiumoxyd und Eisen oder Eisenlegierungen
1958. 76 Seiten, 39 Abb., 17 Tabellen. DM 22,65

HEFT 586
Dr.-Ing. Wilhelm Anton Fischer und
Dr. rer. nat. Alfred Hoffmann, Max-Planck-Institut für Eisenforschung, Düsseldorf
Verhalten von Eisen- und Stahlschmelzen im Hochvakuum
1958. 41 Seiten, 10 Abb., 13 Tabellen. DM 14,50

HEFT 597
Prof. Dr. phil. Franz Wever,
Dr. phil. Wilhelm Wink und
Dr. rer. nat. Werner Jellinghaus, Max-Planck-Institut für Eisenforschung, Düsseldorf
Suszeptibilitätsmessungen an hochwarmfesten Legierungen auf Nickel-Chrom- und Kobalt-Nickel-Chrom-Grundlage
1958. 34 Seiten, 10 Abb., 5 Tabellen. DM 12,—

HEFT 599
Prof. Dr. phil. Walter Koch und
Dipl.-Phys. Dr. phil. Heinz Sundermann, Max-Planck-Institut für Eisenforschung, Düsseldorf
Elektrochemische Grundlagen der Isolierung von Gefügebestandteilen in metallischen Werkstoffen
1958. 50 Seiten, 26 Abb., 2 Tabellen. DM 17,60

HEFT 600
Prof. Dr. phil. Walter Koch, Dr. phil. Siegfried Eckhard und Dr. rer. nat. Friedrich Stricker, Max-Planck-Institut für Eisenforschung, Düsseldorf
Die lichtelektrische Spektralanalyse der Gase im Stahl
1958. 53 Seiten, 27 Abb., 9 Tabellen. DM 15,10

HEFT 620
Dr. rer. nat. Dietrich Horstmann, Max-Planck-Institut für Eisenforschung und Gemeinschaftsausschuß Verzinken, Düsseldorf
Der Einfluß von Aluminium im Eisen- und im Zinkbad auf den Zinkangriff
1958. 29 Seiten, 17 Abb., 3 Tabellen. DM 9,40

HEFT 628
Dipl.-Ing. Walter Panknin und
Dipl.-Ing. Wolfgang Möhrlin, Verein Deutscher Ingenieure ADB, Düsseldorf
Die Ermittlung der Fließkurven von Schraubenwerkstoffen *1958. 20 Seiten, 8 Abb. DM 6,40*

HEFT 630
Prof. Dr. phil. Walter Koch und
Dr. techn. Dipl.-Ing. Hanns Malissa, Max-Planck-Institut für Eisenforschung, Düsseldorf
Beiträge zur Spurenanalyse im Reinsteisen
1958. 25 Seiten, 8 Tabellen. DM 7,60

HEFT 644
Prof. Dr.-Ing. Franz Bollenrath, Institut für Werkstoffkunde an der Rhein.-Westf. Technischen Hochschule Aachen
Untersuchung einiger mechanischer Eigenschaften von Sinteraluminium S. A. P. und S. A. P.-Avional
1958. 24 Seiten, 26 Abb. DM 8,10

HEFT 697
Prof. Dr.-Ing. Theodor Gast,
Dr.-Ing. Karl-Max Frhr. v. Meysenburg und
Prof. Dr.-Ing. Otto Krischer, Technische Hochschule Darmstadt
Untersuchung über die Erwärmungsvorgänge bei der Verarbeitung härtbarer und thermoplastischer Kunststoffe
1959. 91 Seiten, 34 Abb., 4 Tabellen. DM 16,90

HEFT 706
Prof. Dr.-Ing. Dr.-Ing. E. h. Hermann Schenck und Dr.-Ing. Hans Esch, Institut für Eisenhüttenwesen der Rhein.-Westf. Technischen Hochschule Aachen
Zur Untersuchung der Hochofenvorgänge
1959. 32 Seiten, 23 Abb. DM 9,90

HEFT 737
Prof. Dr.-Ing. habil. Karl Krekeler,
Dr.-Ing. Heinz Peukert und Dipl.-Ing. Josef Eilers, Institut für Kunststoffverarbeitung an der Rhein.-Westf. Technischen Hochschule Aachen
Festigkeitsuntersuchungen an Rohren aus Thermoplasten
1959. 66 Seiten, 84 Abb. DM 19,40

HEFT 748
Prof. Dr. phil. nat. habil. Hans-Ernst Schwiete,
Dr.-Ing. Harald Knoblauch und
Dr. rer. nat. Günther Ziegler, Institut für Gesteinshüttenkunde der Rhein.-Westf. Technischen Hochschule Aachen
Die Hydratation der Verbindungen 3 CaO · SiO_2 und ß-2 CaO · SiO_2
1959. 56 Seiten, 22 Abb., 14 Tabellen. DM 15,70

HEFT 780
Prof. Dr. phil. Franz Wever,
Dr.-Ing. Werner Lueg und Dr.-Ing. Paul Funke, Max-Planck-Institut für Eisenforschung, Düsseldorf
Untersuchung von Walzöl und Walzölemulsionen im Kaltwalzversuch
1959. 68 Seiten, 28 Abb., mehr. Tabellen. DM 18,50

HEFT 788
Prof. Dr.-Ing. Herwart Opitz, Laboratorium für Werkzeugmaschinen und Betriebslehre an der Rhein.-Westf. Technischen Hochschule Aachen
Der Einsatz radioaktiver Isotope bei Zerspanungsuntersuchungen
1959. 35 Seiten, 23 Abb. DM 11,30

HEFT 797
Prof. Dr. phil. Heinrich Lange und
Dr. rer. nat. Rudolf Kohlhaas, Institut für theoretische Physik der Universität Köln
Über die wahre spezifische Wärme von Eisen, Nickel und Chrom bei hohen Temperaturen
Neue Verfahren zur Messung der wahren spezifischen Wärme von Metallen bei hohen Temperaturen
1960. 115 Seiten, 38 Abb., 24 Tabellen. DM 31,20

HEFT 798
Dr. rer. nat. Karl Wassmann, Mönchengladbach
Einfluß der Schutzgasatmosphäre auf die Eigenschaften von Sinterstahl
1959. 94 Seiten, 65 Abb., 19 Tabellen. DM 27,—

HEFT 799
Dipl.-Ing. Helmut Weiss, Frankfurt a. M.
Aufkohlung und Härtung von Sintereisen-Werkstoffen
1960. 61 Seiten, 56 Abb., 2 Tabellen. DM 18,80

HEFT 800
Dipl.-Ing. Otto Schindler, Lehrstuhl für Stahlbau, Technische Hochschule Hannover
Untersuchungen an geschweißten Hüttenkranen
Ein Beitrag zur Berechnung dünnwandiger Hohlkästen
1959. 46 Seiten, 14 Abb., 2 Tabellen. DM 13,20

HEFT 801
Baurat Dipl.-Ing. Waldemar Gesell, Staatliche Ingenieurschule für Maschinenwesen, Duisburg
Ersatz von Quarzsand als Strahlmittel
1960. 66 Seiten, 12 Abb., 4 Tabellen. 17 Diagramme. DM 18,90

HEFT 833
Prof. Dr.-Ing. Helmut Winterhager und Dr.-Ing. Dan Hubert Hermes, Institut für Metallhüttenwesen und Elektrometallurgie der Rhein.-Westf. Technischen Hochschule Aachen
Anodennebenreaktionen bei der Silberraffinationselektrolyse
1960. 55 Seiten, 21 Abb., 10 Tabellen. DM 15,60

HEFT 834
Prof. Dr.-Ing. Helmut Winterhager und Dr.-Ing. Klaus Reiprich, Institut für Metallhüttenwesen und Elektrometallurgie der Rhein.-Westf. Technischen Hochschule Aachen
Studie über den Glänzabbau des Reinstaluminiums in Flußsäure enthaltenden chemischen Glänzbädern
1960. 92 Seiten, 88 Abb., 7 Tabellen. DM 27,30

HEFT 840
Prof. Dr. phil. Franz Wever, Dr.-Ing. Hans-Günter Müller und Dr.-Ing. Paul Funke, Max-Planck-Institut für Eisenforschung, Düsseldorf
Versuchsmäßige und rechnerische Bestimmung von Walzkraft und Drehmoment unter Einwirkung von Bandzugspannungen beim Kaltwalzen von Bandstahl
1960. 36 Seiten, 12 Abb., 3 Tafeln. DM 10,90

HEFT 841
Dr. rer. nat. Hubert Blanck, Max-Planck-Institut für Eisenforschung, Düsseldorf
Untersuchungen zur Kinetik des Martensitzerfalls
1960. 33 Seiten, 11 Abb., 2 Tabellen. DM 10,30

HEFT 849
Direktor Ludwig Martin, Wuppertal-Elberfeld und Friedrich Steiner, Ratingen
Weiterentwicklung von Friktionswerkstoffen
1960. 66 Seiten, 70 Abb., 3 Tabellen. DM 20,50

HEFT 939
Prof. Dr.-Ing. habil. Wilhelm Petersen und Dipl.-Ing. Hans Mingenbach, Dozentur für Brikettierung der Rhein.-Westf. Technischen Hochschule Aachen
Untersuchungen über die Herstellung von Erzbriketts
1961. 83 Seiten, 67 Abb., 2 Tabellen. DM 25,60

HEFT 957
Prof. Dr.-Ing. Dr.-Ing. E. h. Hermann Schenck, Prof. Dr.-Ing. Eugen Schmidtmann und Dr.-Ing. Helmut Brandis, Institut für Eisenhüttenwesen der Rhein.-Westf. Technischen Hochschule Aachen
Mechanische und physikalische Prüfverfahren zur Ermittlung der Vorgänge bei der Abschreck- und Verformungsalterung
1961. 47 Seiten, 34 Abb. DM 14,90

HEFT 958
Prof. Dr.-Ing. Dr.-Ing. E. h. Hermann Schenck, Prof. Dr.-Ing. Eugen Schmidtmann und Dr.-Ing. Heinz Müller, Institut für Eisenhüttenwesen der Rhein.-Westf. Technischen Hochschule Aachen
Untersuchungen zur Isolierung von Einschlüssen und Korngrenzensubstanzen in Eisenwerkstoffen nach dem Dünnschliffverfahren. Innere Oxydation von Eisenlegierungen
1961. 50 Seiten, 33 Abb., 2 Tabellen. DM 15,90

HEFT 961
Prof. Dr.-Ing. Wilhelm Patterson und Dr.-Ing. Dietmar Boenisch, Gießerei-Institut der Rhein.-Westf. Technischen Hochschule Aachen
Eigenschaften und Eigenschaftsänderungen der Tonmineralien in Formsanden
1961. 33 Seiten, 16 Abb. DM 10,90

HEFT 962
Prof. Dr.-Ing. Wilhelm Patterson und Dr.-Ing. Philipp Schneider, Gießerei-Institut der Rhein.-Westf. Technischen Hochschule Aachen
Untersuchungen über die Oberflächenfeingestalt von Gußstücken
1961. 69 Seiten, 52 Abb., 1 Bildtafel. DM 20,80

HEFT 963
Prof. Dr.-Ing. Wilhelm Patterson und Dr.-Ing. Wilhelm Weskamp, Gießerei-Institut der Rhein.-Westf. Technischen Hochschule Aachen
Versuche zur Steigerung der Temperatur in der Schmelzzone des Kupolofens und zur Erzielung eines optimalen thermischen Wirkungsgrades durch Verwendung von HC-Koks in unterschiedlicher Stückgröße
1961. 87 Seiten, 29 Abb., 30 Tabellen. DM 28,30

HEFT 964
Prof. Dr.-Ing. Wilhelm Patterson und Dr.-Ing. Friedrich Iske, Gießerei-Institut der Rhein.-Westf. Technischen Hochschule Aachen
Zusammenhang zwischen den mechanischen Eigenschaften im Gußstück und im getrennt gegossenen Probestab
1961. 82 Seiten, 53 Abb., 13 Tabellen. DM 23,80

HEFT 968
Prof. Dr.-Ing. habil. Anton Königer †, Institut für Gießereikunde der Technischen Universität Berlin
Zur Kenntnis der Passivierbarkeit und Korrosionsbeständigkeit technischer Eisensorten
1961. 25 Seiten, 7 Abb., 8 Tabellen. DM 8,90

HEFT 969
Prof. Dr. phil. Erich Scheil, Düsseldorf
Über den Zustand von Metallschmelzen
1961. 37 Seiten, 23 Abb., 2 Tabellen. DM 11,90

HEFT 970
*Prof. Dr.-Ing. Anton Königer † und
Dipl.-Ing. Günther Kuhl, Institut für Gießereikunde der Technischen Universität Berlin*
Der Einfluß verschiedener Begleit- und Legierungselemente auf das Viskositätsverhalten von Gußeisenschmelzen
1961. 26 Seiten, 14 Abb., 6 Tabellen. DM 8,60

HEFT 1016
Dr. rer. nat. W. Jellinghaus, Max-Planck-Institut für Eisenforschung, Düsseldorf
Sinterwerkstoffe aus Nickel oder Nickelaluminid mit Aluminiumoxyd
1961. 33 Seiten, 22 Abb., 6 Tabellen. DM 13,50

HEFT 1057
*Prof. Dr.-Ing. Dr.-Ing. E. h. Hermann Schenck, Dr.-Ing. Werner Wenzel und
Dr.-Ing. Hanns-Dieter Butzmann, Institut für Eisenhüttenwesen der Rhein.-Westf. Technischen Hochschule Aachen*
Die Reduktion von Eisenerzen im heterogenen Wirbelbett
1961. 87 Seiten, 32 Abb., 5 Tabellen. DM 28,20

HEFT 1067
*Prof. Dr.-Ing. Dr.-Ing. E. h. Hermann Schenck und
Dr.-Ing. Klaus-Dieter Unger, Institut für Eisenhüttenwesen der Rhein.-Westf. Technischen Hochschule Aachen*
Versuche zur Bestimmung von Verunreinigungen in Metallen; insbesondere von Oxyden und Oxydverbindungen in technischen Stählen
1962. 34 Seiten, 10 Abb., 3 Tabellen. DM 13,40

HEFT 1068
*Prof. Dr.-Ing. Dr.-Ing. E. h. Hermann Schenck, Dr.-Ing. Werner Wenzel, Dr.-Ing. Günter Lindelar, Prof. Dr.-Ing. Rudolf Spolders und
Dr.-Ing. Hilmar Weidenmüller, Institut für Eisenhüttenwesen der Rhein.-Westf. Technischen Hochschule Aachen*
Der Einfluß des Schwefels und der Kohlenoxydspaltung auf den Hochofenprozeß
1962. 222 Seiten, 99 Abb., 51 Tabellen. DM 49,50

HEFT 1083
*Prof. Dr.-Ing. Franz Bollenrath und
Ahmed Ali Salem El-Sabbagh, Institut für Werkstoffkunde der Rhein.-Westf. Technischen Hochschule Aachen*
Untersuchungen über die Warmfestigkeit von Hartlötverbindungen
1963. 80 Seiten, 88 Abb., 7 Tabellen. DM 59,40

HEFT 1092
*Prof. Dr.-Ing. habil. Anton Königer † und
Dr.-Ing. Manfred Odendahl, Institut für Gießereikunde der Technischen Universität Berlin*
Der Einfluß von Oxyden auf die Viskosität von reinen Eisen-Kohlenstoff-Silizium-Legierungen
1962. 23 Seiten, 9 Abb. DM 10,40

HEFT 1093
*Dr.-Ing. Wolf Dieter Röpke und
Dr.-Ing. Abbas Sabé, Institut für Gießereikunde der Technischen Universität Berlin*
Das Fließvermögen und die Warmrißneigung von Stahl mit besonderer Berücksichtigung des Einflusses von hohen Molybdängehalten
1962. 37 Seiten, 21 Abb., 4 Tabellen. DM 17,—

HEFT 1094
*Prof. Dr.-Ing. habil. Anton Königer † und
Prof. Dr. phil. Emanuel Pfeil, Institut für Gießereikunde der Technischen Universität Berlin*
Versuche zur Entwicklung von Korrosions-Prüfmethoden
1962. 23 Seiten, 7 Abb., 3 Tabellen. DM 10,80

HEFT 1113
Dr. rer. nat. Wolfgang Pitsch, Max-Planck-Institut für Eisenforschung, Düsseldorf
Die kristallographischen Eigenschaften der Nitridausscheidungen im α-Eisen
1962. 21 Seiten, 8 Abb., 3 Tabellen. DM 11,—

HEFT 1114
*Dipl.-Chem. Dr. phil. Siegfried Eckhard und
Dipl.-Phys. Walter Baum, Max-Planck-Institut für Eisenforschung, Düsseldorf*
Über ein physikalisches Verfahren zur Bestimmung des Wasserstoffs im ternären Gemisch mit Stickstoff und Kohlenmonoxyd
1962. 63 Seiten, 31 Abb. DM 39,80

HEFT 1122
*Prof. Dr.-Ing. Dr.-Ing. E. h. Hermann Schenck, Dozent Dr.-Ing. Werner Wenzel und
Dr.-Ing. Günther Dietrich, Institut für Eisenhüttenwesen der Rhein.-Westf. Technischen Hochschule Aachen*
Reaktionskinetische Betrachtung des Sintervorganges und Möglichkeiten zur Leistungssteigerung. Entwicklung eines Schachtsinterverfahrens
1962. 93 Seiten, 24 Abb., 5 Tabellen. DM 44,50

HEFT 1158
Dr.-Ing. habil. Alfred Krisch, Max-Planck-Institut für Eisenforschung, Düsseldorf
Über die Extrapolation von Zeitstandversuchen
1963. 31 Seiten, 13 Abb., 2 Tabellen. DM 17,50

HEFT 1190
Dipl.-Ing. Otto Schulte, Bericht aus dem Institut für Bildsame Formgebung der Rhein.-Westf. Technischen Hochschule Aachen
Einfluß kleiner Formänderungsgeschwindigkeiten auf die Formänderungsfestigkeit verschieden legierter Stähle und Nicht-Eisen-Metalle bei Warm-Formgebungstemperaturen
1966. 92 Seiten, 79 Abb., 3 Tabellen. DM 72,—

HEFT 1191
*Prof. Dr.-Ing. habil. Anton Königer †,
Dr.-Ing. Manfred Odendahl und Eberhard Pahl, Institut für Gießereikunde der Technischen Universität Berlin*
Über die Bildsamkeit von tongebundenen Formsanden
1963. 33 Seiten, 21 Abb., 4 Tabellen. DM 18,—

HEFT 1192
*Prof. Dr.-Ing. habil. Anton Königer † und
Dr.-Ing. Peter R. Sahm, Institut für Gießereikunde der
Technischen Universität Berlin*
Das Fließvermögen reiner und sauerstoffhaltiger
Kupferschmelzen
1963. 47 Seiten, 38 Abb. 3 Tabellen. DM 31,80

HEFT 1193
*Prof. Dr.-Ing. Helmut Winterhager und
Dr.-Ing. Reinhard K. Buchner, Institut für Metallhüttenwesen und Elektrometallurgie der Rhein.-Westf.
Technischen Hochschule Aachen*
Beitrag zum experimentellen Problem der Messung
schneller Elektrodenvorgänge
1963. 40 Seiten, 14 Abb. DM 17,—

HEFT 1194
*Dr. rer. nat. Werner Jellinghaus, Max-Planck-Institut
für Eisenforschung, Düsseldorf*
Beiträge zur Konstitution metallischer Stoffe durch
Suszeptibilitätsmessungen
1963. 25 Seiten, 8 Abb., 3 Tabellen. DM 14,—

HEFT 1253
*Dipl.-Ing. Alfred Puck, Dipl.-Ing. Horst Wurtinger,
Deutsches Kunststoffinstitut, Darmstadt*
Werkstoffgemäße Dimensionierungs-Größen für
den Entwurf von Bauteilen aus kunstharzgebundenen Glasfasern
Teil I und II
1963. 149 Seiten, 73 Abb., 8 Tabellen. DM 76,—

HEFT 1305
*Dr. phil. Hermann Möller und
Dipl.-Phys. Helmut Weeber, Max-Planck-Institut für
Eisenforschung, Düsseldorf*
Die Bildgüte bei der Durchstrahlung von Werkstoffen mit Röntgen- oder Gammastrahlen von
0,1 bis 31 MeV
1963. 69 Seiten, 40 Abb., 2 Tabellen. DM 32,90

HEFT 1344
*Prof. Dr.-Ing. Dr.-Ing. E. h. Hermann Schenck,
Dozent Dr.-Ing. Werner Wenzel,
Dr.-Ing. Hans D. Kluger, Institut für Eisenhüttenwesen der Rhein.-Westf. Technischen Hochschule Aachen*
Über das Reduktionsverhalten eisenoxydhaltiger
Schlacken
*1964. 91 Seiten, 60 Abb., 6 Tabellen im Anhang.
DM 44,—*

HEFT 1355
*Dr.-Ing. habil. Alfred Krisch, Max-Planck-Institut für
Eisenforschung, Düsseldorf*
Kriechverhalten, Gefügeänderung und Risse bei
mehrjährigen Zeitstandversuchen
1964. 27 Seiten, 17 Abb., 6 Tabellen. DM 14,80

HEFT 1379
*Dr. phil. nat. Max Hempel, Max-Planck-Institut für
Eisenforschung, Düsseldorf*
Dauerschwingfestigkeit bei 20 und 500° C von
Stählen mit niedrigem Kohlenstoffgehalt und verschiedenen Titan-Zusätzen
1964. 58 Seiten, 27 Abb., 12 Tabellen. DM 34,—

HEFT 1384
*Dr. rer. nat. Hans-Jürgen Engell, Dr. rer. nat. Anton
Bäumel und Dr. rer. nat. Konrad Bohnenkamp, Max-Planck-Institut für Eisenforschung, Düsseldorf*
Die Spannungsrißkorrosion von Weicheisen in
Kalzium-Nitratlösungen
1964. 46 Seiten, 27 Abb., 2 Tabellen. DM 25,50

HEFT 1385
*Prof. Dr.-Ing. Helmut Winterhager und Dr.-Ing. Roland
Kammel, Institut für Metallhüttenwesen und Elektrometallurgie der Rhein.-Westf. Technischen Hochschule
Aachen*
Über die elektrochemischen Grundlagen der Zinkchlorid-Schmelzflußelektrolyse
1964. 52 Seiten, 22 Abb., 24 Tabellen. DM 25,50

HEFT 1387
Dipl.-Chem. Wolfgang Werner, im Auftrage der Deutschen Industrie-Werke Aktiengesellschaft, Berlin-Spandau
Verbesserung der Eigenschaften von Sinterteilen
durch Nachbehandlung (Oberflächenveredelung,
Korrosionsschutz)
1964. 44 Seiten, 21 Abb., 16 Tabellen. DM 23,80

HEFT 1391
*Dipl.-Phys. Dr. rer. nat. Ernst Wachtel und Dipl.-Phys.
Erich Übelacker, Max-Planck-Institut für Metallforschung, Stuttgart, im Auftrage des Vereins Deutscher
Gießereifachleute, Düsseldorf*
Messung der Dichte und der magnetischen Suszeptibilität von Zinn-Zink-Legierungen
1964. 42 Seiten, 23 Abb., 4 Tabellen. DM 23,50

HEFT 1398
*Prof. Dr.-Ing. Eberhard Schürmann und Dr.-Ing. Horst-Carsten Groth, Institut für Gießereiwesen der Bergakademie Clausthal, im Auftrage des Vereins Deutscher
Gießereifachleute, Düsseldorf*
Schmelzgleichgewichte im System Eisen–Schwefel–
Kohlenstoff–Phosphor und Silizium bei 1400° C
1964. 31 Seiten, 6 Abb., 6 Tabellen. DM 15,50

HEFT 1403
*Dr. phil. nat. Gerhard Zapf, Dipl.-Ing. Ulrich Völker
und Ing. Rudolf Reinstadtler, im Auftrage der Forschungsgemeinschaft Pulvermetallurgie, Schwelm*
Entwicklung von Fertigungsmethoden zur Erzeugung hochfester Sinterteile, Teil I und II
1965. 170 Seiten, 54 Abb., 13 Tabellen, 29 Auswertungstafeln, 55 Diagramme. DM 74,50

HEFT 1414
Prof. Dr. phil. Walter Koch, Dipl.-Phys. Helga Kolbe-Rohde und Dr. rer. nat. Jürgen Dittmann, Max-Planck-Institut für Eisenhüttenwesen der Rhein.-Westf. Technischen Hochschule Aachen
Untersuchungen zur Kinetik der Karbidbildung in Chromstählen
1964. 21 Seiten, 6 Abb., 4 Tabellen. DM 12,—

HEFT 1415
Prof. Dr.-Ing. Dr.-Ing. E. h. Hermann Schenck, Dozent Dr.-Ing. Werner Wenzel und Dr.-Ing. Trimbak Herwadkar, Institut für Eisenhüttenwesen der Rhein.-Westf. Technischen Hochschule Aachen
Stückigmachung von Feinerz auf dem Wanderrost in Gemischen mit Feinkohle
1964. 100 Seiten, 34 Abb., 21 Tabellen. DM 43,80

HEFT 1416
Prof. Dr.-Ing. Dr. h. c. Herwart Opitz und Dipl.-Ing. H. H. Bech, Laboratorium für Werkzeugmaschinen und Betriebslehre der Rhein.-Westf. Technischen Hochschule Aachen, im Auftrage des Vereins Deutscher Gießereifachleute, Düsseldorf
Bearbeitung von Leichtmetallen
1964. 39 Seiten, 22 Abb., 5 Tabellen. DM 26,50

HEFT 1419
Prof. Dr. phil. Adolf Rose, Dr.-Ing. Hans Paul Hougardy und Dr.-Ing. Albert Klein, Max-Planck-Institut für Eisenforschung, Düsseldorf
Der Einfluß der Unterkühlung auf die Kristallisationsformen von voreutektoidisch ausgeschiedenen Phasen und von eutektoidischen Phasengemengen
1964. 83 Seiten, 51 Abb., 4 Tabellen. DM 47,50

HEFT 1420
Prof. Dr. phil. Erich Scheil † und Dr. rer. nat. Hans Leo Lukas, im Auftrage des Vereins Deutscher Gießereifachleute, Düsseldorf
Messung des Dampfdruckes von magnesiumhaltigen Gußeisenschmelzen
1964. 19 Seiten, 8 Abb. DM 12,—

HEFT 1428
Prof. Dr.-Ing. Max Vater, Dipl.-Ing. Gerhard Nebe und Dipl.-Ing. Ansgar Schütza, Institut für Bildsame Formgebung der Rhein.-Westf. Technischen Hochschule Aachen
Mechanische Entzunderung von Blechen und Bändern
1965. 104 Seiten, 124 Abb., 6 Tabellen. DM 66,80

HEFT 1447
Dr. phil. Wolfgang Wepner, Max Planck-Institut für Eisenforschung, Düsseldorf
Restwiderstandsmessungen an reinem Eisen
1964. 23 Seiten, 5 Abb., 2 Tabellen. DM 12,50

HEFT 1448
Dr. rer. nat. Ralf Damm und Dr. rer. nat. Ernst Wachtel, Max-Planck-Institut für Metallforschung, Stuttgart, im Auftrage des Vereins Deutscher Gießereifachleute, Düsseldorf
Magnetische Messungen und kinetische Versuche an flüssigen Wismut–Mangan-Legierungen
1965. 25 Seiten, 9 Abb. DM 12,80

HEFT 1474
Prof. Dr.-Ing. Max Vater, Dipl.-Ing. Gerhard Nebe und Dipl.-Ing. Ansgar Schütza, Institut für Bildsame Formgebung der Rhein.-Westf. Technischen Hochschule Aachen
Beitrag zur mechanischen Entzunderung von Draht
1965. 35 Seiten, 19 Abb. DM 19,80

HEFT 1482
Prof. Dr. Theo Heumann und Richard Schürmann, Institut für Metallforschung der Universität Münster
Über die Beeinflussung der Passivierbarkeit aktiver Metalle durch Zulegieren von Chrom und Nickel
1965. 43 Seiten, 27 Abb. DM 23,50

HEFT 1487
Dr.-Ing. Werner Schwenzfeier und Dr.-Ing. Oskar Pawelski, Max-Planck-Institut für Eisenforschung, Düsseldorf
Glühversuche an Stahldrähten in verschiedenen Ofenatmosphären
1965. 45 Seiten, 34 Abb., 2 Tabellen. DM 25,80

HEFT 1491
Prof. Dr.-Ing. Wilhelm Patterson, Dr.-Ing. Peter Coppetti
Gießerei-Institut der Rhein.-Westf. Technischen Hochschule Aachen
Prof. Dr.-Ing. Dr. h. c. Herwart Opitz
Laboratorium für Werkzeugmaschinen und Betriebslehre der Rhein.-Westf. Technischen Hochschule Aachen
Zerspanbarkeit von Grauguß
1965. 109 Seiten, 54 Abb., 5 Tabellen. 59,50

HEFT 1492
Dr. phil. nat. Max Hempel und Dr. rer. nat. Emil Hillnhagen, Max-Planck-Institut für Eisenforschung, Düsseldorf
Einfluß der Erschmelzungsart auf die Dauerschwingfestigkeit ungekerbter und gekerbter Proben eines Wälzlagerstahles
1965. 63 Seiten, 21 Abb., 12 Tabellen. DM 38,—

HEFT 1495
Prof. Dr.-Ing. Wilhelm Patterson, Dr.-Ing. Helmut Brand und Dipl.-Ing. Heinrich Traßl, Gießerei-Institut der Rhein.-Westf. Technischen Hochschule Aachen
Das Viskositätsverhalten flüssiger Bleilegierungen im Konzentrationsbereich der festen Löslichkeit
1965. 24 Seiten, 9 Abb., 2 Tabellen. DM 13,—

HEFT 1496
Prof. Dr. phil. Karl Löhberg und Dipl.-Ing. Günther Kühl, Institut für Gießereikunde der Technischen Universität Berlin, im Auftrage des Vereins Deutscher Gießereifachleute, Düsseldorf
Einfluß von Magnesium und Cer auf die Viskosität behandelter Gußeisenschmelzen sowie Abbrand des Magnesiums und Änderung des Sauerstoffgehaltes in Abhängigkeit von der Abstehzeit
1965. 26 Seiten, 7 Abb., 5 Tabellen. DM 12,80

HEFT 1502
Prof. Dr.-Ing. Wilhelm Patterson, Dr.-Ing. Walter Koppe und Dr.-Ing. Siegfried Engler, Gießerei-Institut der Rhein.-Westf. Technischen Hochschule Aachen
Untersuchungen zur Erstarrung und Speisung von Gußeisen
1965. 96 Seiten, 51 Abb., 3 Tabellen. DM 52,80

HEFT 1503
Prof. Dr.-Ing. Max Vater, Dipl.-Ing. Gerhard Nebe und Dipl.-Ing. Ansgar Schütza, Institut für Bildsame Formgebung der Rhein.-Westf. Technischen Hochschule Aachen
Beitrag zur Prüfung metallischer Strahlmittel
1965. 77 Seiten, 69 Abb., 11 Tabellen. DM 49,—

HEFT 1534
Prof. Dr. phil. Adolf Rose, Max-Planck-Institut für Eisenforschung, Düsseldorf
Schweißbarkeit und Umwandlungsverhalten der Stähle
1965. 57 Seiten, 20 Abb., 5 Tabellen. DM 39,—

HEFT 1552
Fachausschuß Stahlguß im Verein Deutscher Gießereifachleute, Düsseldorf
Einfluß der Oberflächenbeschaffenheit auf die Dauerfestigkeit von Stahlguß
1965. 38 Seiten, zahlr. Abb. und Tabellen. DM 24,80

HEFT 1571
Dr. phil. Heinz Kudielka und M. Sc. Teruo Yukitoshi, Max-Planck-Institut für Eisenforschung, Düsseldorf
Röntgenfluoreszenz-Untersuchungen an kleinen Feststoff-Oberflächen und konzentrierten Salzlösungen
1965. 48 Seiten, 24 Abb., 13 Tabellen. DM 29,50

HEFT 1578
Prof. Dr.-Ing. Franz Bollenrath und Dipl.-Ing. Hugo Feldmann, Institut für Werkstoffkunde der Rhein.-Westf. Technischen Hochschule Aachen
Einfluß der Verformung und Temperatur auf mechanische Eigenschaften von unlegiertem Titan
1966. 103 Seiten, 43 Abb., 11 Tabellen. DM 62,50

HEFT 1580
Prof. Dr.-Ing. Hermann Schenck und Dr.-Ing. Franz Neumann, Institut für Eisenhüttenwesen und Gießerei-Institut der Rhein.-Westf. Hochschule Aachen
Über den Einfluß von Zusatzelementen auf das Verhalten des Kohlenstoffs in flüssigen Eisenlegierungen und die Beziehung zu ihrer Stellung im Periodischen System
1966. 29 Seiten, 15 Abb., 2 Tabellen. DM 23,—

HEFT 1589
Prof. Dr.-Ing. Dr.-Ing. E. h. Hermann Schenck, Aachen, Prof. Dr.-Ing. habil. Mathias Nacken, Aachen, Dr.-Ing. Ernst Potthast, Völklingen, und Dipl.-Phys. Edith Butenuth, Aachen.
Institut für Eisenhüttenwesen und Gemeinschaftslabor für Elektronenmikroskopie der Rhein.-Westf. Technischen Hochschule Aachen
Untersuchungen über die Existenzbereiche der Eisenkarbide mit Hilfe der Elektronenmikroskopie und Elektronenbeugung
1966. 81 Seiten, 47 Abb., 6 Tabellen. DM 55,30

HEFT 1591
Prof. Dr.-Ing. Wilhelm Patterson und Dozent Dr.-Ing. Siegfried Engler, Gießerei-Institut der Rhein.-Westf. Technischen Hochschule Aachen
Volumendefizit und Lunkerung bei der Erstarrung von Metallen
1966. 51 Seiten, 29 Abb., 5 Tabellen. DM 31,—

HEFT 1592
Prof. Dr.-Ing. habil. Dr. h. c. Max Fink und Dr.-Ing. Alfred E. Steinegger, Institut für Fördertechnik und Schienenfahrzeuge der Rhein.-Westf. Technischen Hochschule Aachen.
Direktor: Prof. Dr.-Ing. habil. Dr. h. c. Max Fink und Forschungsinstitut der Gesellschaft zur Förderung der Glimmentladungsforschung e. V., Köln.
Direktor: Prof. Dr. Martin Schmeisser
Die Erscheinung der Reiboxydation an ionitrierten Stahloberflächen
1965. 83 Seiten, 10 Abb., 16 Tabellen, 15 Tafeln. DM 49,50

HEFT 1615
Prof. Dr.-Ing. Wilhelm Patterson und Dozent Dr.-Ing. Siegfried Engler, Gießerei-Institut der Rhein.-Westf. Technischen Hochschule Aachen
Die »gerichtete Erstarrung« als Voraussetzung zur Herstellung dichter Gußstücke
1966. 33 Seiten, 17 Abb., 2 Tabellen. DM 18,—

HEFT 1617
Dr.-Ing. Alfred F. Steinegger und Dipl.-Ing. Josef Kläusler, Forschungsinstitut der Gesellschaft zur Förderung der Glimmentladungsforschung e. V., Köln
Direktor: Prof. Dr. Martin Schmeißer
Untersuchung der Notlaufeigenschaften inoitrierter Laufflächen bei gleitender Reibung
1966. 39 Seiten, 28 Abb., 5 Tabellen. DM 24,20

HEFT 1622
Prof. Dr.-Ing. Wilhelm Patterson, Prof. Dr.-Ing. Hermann Schenck und Priv.-Doz. Dr.-Ing. Franz Neumann Gießerei-Institut der Rhein.-Westf. Technischen Hochschule Aachen und Institut für Eisenhüttenwesen der Rhein.-Westf. Technischen Hochschule Aachen
Einfluß der Eisenbegleiter auf Kohlenstofflöslichkeit, Kohlenstoffaktivität und Sättigungsgrad im Gußeisen
1966. 30 Seiten, 5 Abb., 2 Tabellen. DM 24,—

HEFT 1626
Prof. Dr.-Ing. Dr.-Ing. E. h. Hermann Schenck, Dozent Dr.-Ing. Werner Wenzel, Dr.-Ing. B. R. Rajasekhar und Dipl.-Phys. Franz Rudolf Block, Institut für Eisenhüttenwesen der Rhein.-Westf. Technischen Hochschule Aachen
Das metallurgische und elektrische Verhalten von Koks, insbesondere von Erzkoks, unter den realen Bedingungen des elektrischen Niederschachtofens
1966. 135 Seiten, 76 Abb., 20 Tabellen. DM 85,80

HEFT 1627
Prof. Dr.-Ing. Dr.-Ing. E. h. Hermann Schenck, Dozent Dr.-Ing. Werner Wenzel und Dr.-Ing. Karl-Heinz Kleemann, Institut für Eisenhüttenwesen der Rhein.-Westf. Technischen Hochschule Aachen
Entzinkung von Gichtstaub im Schmelzsyklon
1966. 82 Seiten, 33 Abb., 2 Tabellen. DM 43,40

HEFT 1628
Prof. Dr.-Ing. Wilhelm Patterson und Dr.-Ing. Wolfgang Standke, Gießerei-Institut der Rhein.-Westf. Technischen Hochschule Aachen, in Zusammenarbeit mit dem Verein Deutscher Gießereifachleute, Düsseldorf
Einfluß der Einsatzstoffe, der Schmelzführung im Induktionsofen und der Impfbehandlung auf das Gefüge und die mechanischen Eigenschaften von Gußeisen mit Lamellengraphit
1966. 69 Seiten, 33 Abb., 7 Tabellen. DM 40,—

HEFT 1629
Priv.-Dozent Dr.-Ing. Franz Neumann, Prof. Dr.-Ing. Wilhelm Patterson und Dipl.-Ing. Dieter Albrecht, Gießerei-Institut der Rhein.-Westf. Technischen Hochschule Aachen
Gleichgewichtsuntersuchungen über den gemeinsamen Einfluß von Mangan und Schwefel auf das physikalisch-chemische Verhalten des in flüssigen Eisen gelösten Kohlenstoffs im Bereich der Kohlenstoffsättigung
1966. 40 Seiten, 14 Abb., 4 Tabellen. DM 28,70

HEFT 1630
Prof. Dr.-Ing. Helmut Winterhager, Dr.-Ing. Lothar Greiner und Dr.-Ing. Roland Kammel, Institut für Metallhüttenwesen und Elektrometallurgie der Rhein.-Westf. Technischen Hochschule Aachen
Untersuchungen über die Dichte und die elektrische Leitfähigkeit von Schmelzen der Systeme $CaO-Al_2O_3-SiO_2$ und $CaO-MgO-Al_2O_3-SiO_2$
1966. 44 Seiten, 23 Abb., 6 Tabellen. DM 30,—

HEFT 1644
Dipl.-Ing. Ralf Fangmeier und Dr. phil. Wolfgang Wepner, Max-Planck-Institut für Eisenforschung, Düsseldorf
Versuchseinrichtung und Versuche zur Erholung eines austenitischen Stahles nach plastischer Verformung bei 4,2° K
1966. 31 Seiten, 5 Abb. DM 18,40

HEFT 1659
Prof. Dr.-Ing. Wilhelm Patterson und Dr.-Ing. Dietmar Boenisch, Gießerei-Institut der Rhein.-Westf. Technischen Hochschule Aachen
Die Wasserbindung an Tonen und ihre Bedeutung für die Fertigkeit des Gießereiformsandes
1966. 35 Seiten, 8 Abb., 1 Tabelle. DM 18,80

HEFT 1695
Dr. rer. nat. Dietrich Meinhardt, Max-Planck-Institut für Eisenforschung, Düsseldorf
Strukturbestimmung durch Kernstreuung und magnetische Streuung thermischer Neutronen
1966. 44 Seiten, 14 Abb., 11 Tabellen. DM 32,30

HEFT 1743
Dr.-Ing. Alfred F. Steinegger und Dipl.-Ing. Siegfried Jentzsch, Gesellschaft zur Förderung der Glimmentladungsforschung e. V., Köln. – Direktor: Prof. Dr. Martin Schmeisser
Das Verhalten ionitrierter Oberflächen beim statischen Torsionsversuch
1966. 39 Seiten, 19 Abb., 2 Tabellen. DM 24,40

HEFT 1745
Dr. phil. nat. Gerhard Zapf, Dipl.-Ing. Jörg Niessen und Ing. Rudolf Reinstadtler, Forschungsgemeinschaft Pulvermetallurgie e. V., Schwelm
Untersuchung über die Wärmebehandlung legierter Sinterstähle mit Kupfer und Nickel als Legierungselemente

HEFT 1746
Dipl.-Phys. Franz-Rudolf Block, Roetgen, Prof. Dr.-Ing., Dr.-Ing. E. h. Hermann Schenck, Aachen, und Dozent Dr.-Ing. Werner Wenzel, Aachen, Institut für Eisenhüttenwesen der Rhein.-Westf. Technischen Hochschule Aachen
Der Gegenstromwärmeaustausch in Wirbelbetten
In Vorbereitung

HEFT 1752
Priv.-Doz. Dr.-Ing. Günther Woelk, Institut für Industrieofenbau und Wärmetechnik im Hüttenwesen der Rhein.-Westf. Technischen Hochschule Aachen
Ein Näherungsverfahren zur numerischen Berechnung instationärer Temperaturfelder
In Vorbereitung

HEFT 1753
Prof. Dr.-Ing. Helmut Winterhager und Dr.-Ing. Roland Kammel, Institut für Metallhüttenwesen und Elektrometallurgie der Rhein.-Westf. Technischen Hochschule Aachen
Über die Metallgehalte in den Schlacken des Bleischachtofenprozesses und ihr Verhalten im elektrischen Feld
In Vorbereitung

HEFT 1775
Dr.-Ing. Oskar Pawelski und Dr.-Ing. Eberhard Neuschütz, Max-Planck-Institut für Eisenforschung, Düsseldorf
Beitrag zu den Grundlagen des Walzens in Streckkalibern
In Vorbereitung

HEFT 1786
Dipl.-Ing. Siegfried Jentzsch und Dr.-Ing. Alfred F. Steinegger, Forschungsinstitut der Gesellschaft zur Förderung der Glimmentladungsforschung e.V., Köln Direktor: Prof. Dr. Martin Schmeisser
Der Einfluß chemisch aktiver und inaktiver Gase bei der Behandlung von Stahloberflächen in der Glimmentladung
In Vorbereitung

HEFT 1802
Prof. Dr. phil. Walter Koch und Dipl.-Chem. Dr. rer. nat. Günter Holec, Max-Planck-Institut für Eisenforschung, Düsseldorf
Isolierung und Untersuchungen der Oxydeinschlüsse in unberuhigten und teilberuhigten Stählen
In Vorbereitung

HEFT 1804
Prof. Dr.-Ing. habil. Wilhelm Anton Fischer und Dr.-Ing. Michael Haussmann, Max-Planck-Institut für Eisenforschung, Düsseldorf
Elektrochemische Messungen an Eisen–Sauerstoff–Schmelzen
In Vorbereitung

HEFT 1805
Prof. Dr.-Ing. habil. Wilhelm Anton Fischer und Dr.-Ing. Werner Ertmer, Max-Planck-Institut für Eisenforschung, Düsseldorf
Die Untersuchung des Wärmeinhalts, der Wärmeleitfähigkeit und der elektrischen Leitfähigkeit von Schmelzkalk, Band I und II
In Vorbereitung

HEFT 1806
Dr. rer. nat. Priv.-Doz. Werner Schaarwächter, Frankfurt, Dipl.-Ing. Liselotte Jasper, Aachen und Prof. Dr. rer. nat. Kurt Lücke, Institut für Allgemeine Metallkunde und Metallphysik der Rhein.-Westf. Technischen Hochschule Aachen
Der Einfluß der Versetzungsstruktur auf die Kristallauflösung
In Vorbereitung

HEFT 1808
Prof. Dr.-Ing. Wilhelm Patterson und Dr.-Ing. Wolfgang Standke, Gießerei-Institut der Rhein.-Westf. Technischen Hochschule Aachen
Bestimmungsverfahren und Größe der Schlagzähigkeit von Gußeisen mit Lamellengraphit
In Vorbereitung

HEFT 1818
Prof. Dr.-Ing. Wilhelm Patterson und Dr.-Ing. Günter Dietzel, Gießerei-Institut der Rhein.-Westf. Technischen Hochschule Aachen
Beitrag zur Frage von Eigenspannungen im Grauguß
In Vorbereitung

HEFT 1819
Prof. Dr. phil. Adolf Rose, Ratingen und Dr.-Ing. Leo Rademacher, Witten, Max-Planck-Institut für Eisenforschung, Düsseldorf
Umwandlungen in warmfesten Stählen
Versuch einer Gleichgewichtsdarstellung der Karbidphasen
In Vorbereitung

HEFT 1825
Klaus Krone, Joachim Krüger und Helmut Winterhager, Institut für Metallhüttenwesen und Elektrometallurgie der Rhein.-Westf. Technischen Hochschule Aachen
Beitrag zum Schmelzen von NiCr-Basislegierungen im Hochvakuum
Schrifttumsübersicht und vakuummetallurgische Grundlagen
In Vorbereitung

HEFT 1826
Dr. phil. nat. Max Hempel, Max-Planck-Institut für Eisenforshung
Verformungserscheinungen an der Oberfläche biegewechselbeanspruchter austenitischer Stahlproben bei Raumtemperatur
In Vorbereitung

Verzeichnisse der Forschungsberichte aus folgenden Gebieten können beim Verlag angefordert werden:
Acetylen/Schweißtechnik – Arbeitswissenschaft – Bau/Steine/Erden – Bergbau – Biologie – Chemie – Druck/Farbe/Papier/Photographie – Eisenverarbeitende Industrie – Elektrotechnik/Optik – Energiewirtschaft – Fahrzeugbau/Gasmotoren – Fertigung – Funktechnik/Astronomie – Gaswirtschaft – Holzbearbeitung – Hüttenwesen/Werkstoffkunde – Kunststoffe – Luftfahrt/Flugwissenschaften – Luftreinhaltung – Maschinenbau – Mathematik – Medizin/Pharmakologie – NE-Metalle – Physik – Rationalisierung – Schall/Ultraschall – Schiffahrt – Textilforschung – Turbinen – Verkehr – Wirtschaftswissenschaften.

WESTDEUTSCHER VERLAG · KÖLN UND OPLADEN
567 Opladen/Rhld., Ophovener Straße 1-3

If you have any concerns about our products,
you can contact us on
ProductSafety@springernature.com

In case Publisher is established outside the EU,
the EU authorized representative is:
**Springer Nature Customer Service Center GmbH
Europaplatz 3, 69115 Heidelberg, Germany**

Printed by Libri Plureos GmbH
in Hamburg, Germany